사고력도 탄탄! 창의력도 탄탄!
수학 일등의 지름길 「기탄사고력수학」

♕ 단계별·능력별 프로그램식 학습지입니다

유아부터 초등학교 6학년까지 각 단계별로 4~6권씩 총 52권으로 구성되었으며, 처음 시작할 때 나이와 학년에 관계없이 능력별 수준에 맞추어 학습하는 프로그램식 학습지입니다.

♕ 사고력·창의력을 키워 주는 수학 학습지입니다

다양한 사고 단계를 거쳐 문제 해결력을 높여 주며, 개념과 원리를 이해하도록 하여 수학적 사고력을 키워 줍니다. 또 수학적 사고를 바탕으로 스스로 생각하고 깨닫는 창의력을 키워 줍니다.

♕ 유아 과정은 물론 초등학교 수학의 전 영역을 골고루 학습합니다

운필력, 공간 지각력, 수 개념 등 유아 과정부터 시작하여, 초등학교 과정인 수와 연산, 도형 등 수학의 전 영역을 골고루 다루어, 자녀들의 수학적 사고의 폭을 넓히는 데 큰 도움을 줍니다.

♕ 학습 지도 가이드와 다양한 학습 성취도 평가 자료를 수록했습니다

매주, 매달, 매 단계마다 학습 목표에 따른 지도 내용과 지도 요점, 완벽한 해설을 제공하여 학부모님께서 쉽게 지도하실 수 있습니다. 창의력 문제와 수학 경시 대회 예상 문제를 단계별로 수록, 수학 실력을 완성시켜 줍니다.

♕ 과학적 학습 분량으로 공부하는 습관이 몸에 배입니다

하루 10~20분 정도의 과학적 학습량으로 공부에 싫증을 느끼지 않게 하고, 학습에 자신감을 가지도록 하였습니다. 매일 일정 시간 꾸준하게 공부하도록 하면, 시키지 않아도 공부하는 습관이 몸에 배게 됩니다.

「기탄사고력수학」은
체계적이고 장기적인 프로그램으로
꾸준히 학습하면 반드시 성적으로 보답합니다

✿ 스몰 스텝(Small Step)방식으로 꾸준히 학습하면 성적이 올라갑니다

「기탄사고력수학」은 단순히 문제만 나열한 문제집이 아닙니다. 체계적이고 장기적인 학습프로그램을 통해 수학적 사고력과 창의력을 완성시켜 주는 스몰 스텝(Small Step)방식으로 꾸준히 학습하면 반드시 성적이 올라갑니다.

✿ 하루 3장, 10~20분씩 규칙적으로 학습하게 하세요

매일 일정 시간에 일정한 학습량을 꾸준히 재미있게 해야만 학습효과를 높일 수 있습니다. 주별로 분철하기 쉽게 제본되어 있으니, 교재를 구입하시면 먼저 분철하여 일주일 학습 분량만 자녀들에게 나누어 주세요. 그래야만 아이들이 학습 성취감과 자신감을 가질 수 있습니다.

✿ 자녀들의 수준에 알맞은 교재를 선택하세요

〈기탄사고력수학〉은 유아에서 초등학교 6학년까지, 나이와 학년에 관계없이 학습 난이도별로 자신의 능력에 맞는 단계를 선택하여 시작하는 능력별 교재입니다. 그러나 자녀의 수준보다 1~2단계 낮춘 교재부터 시작하면 학습에 더욱 자신감을 갖게 되어 효과적입니다.

교재 구분	교재 구성	대 상
A단계 교재	1, 2, 3, 4집	4세 ~ 5세 아동
B단계 교재	1, 2, 3, 4집	5세 ~ 6세 아동
C단계 교재	1, 2, 3, 4집	6세 ~ 7세 아동
D단계 교재	1, 2, 3, 4집	7세 ~ 초등학교 1학년
E단계 교재	1, 2, 3, 4, 5, 6집	초등학교 1학년
F단계 교재	1, 2, 3, 4, 5, 6집	초등학교 2학년
G단계 교재	1, 2, 3, 4, 5, 6집	초등학교 3학년
H단계 교재	1, 2, 3, 4, 5, 6집	초등학교 4학년
I 단계 교재	1, 2, 3, 4, 5, 6집	초등학교 5학년
J단계 교재	1, 2, 3, 4, 5, 6집	초등학교 6학년

「기탄사고력수학」으로 수학 성적 올리는 일등비법을 공개합니다

✳ 문제를 먼저 풀어 주지 마세요

기탄사고력수학은 직관(전체 감지)을 논리(이론과 구체 연결)로 발전시켜 답을 구하도록 구성되었습니다. 쉽게 문제를 풀지 못하더라도 노력하는 과정에서 더 많은 것을 얻을 수 있으니, 약간의 힌트 외에는 자녀가 스스로 끝까지 문제를 풀어 나갈 수 있도록 격려해 주세요.

✳ 교재는 이렇게 활용하세요

먼저 자녀들의 능력에 맞는 교재를 선택하세요. 그리고 일주일 분량씩 분철하여 매일 3장씩 풀 수 있도록 해 주세요. 한꺼번에 많은 양의 교재를 주시면 어린이가 부담을 느껴서 학습을 미루거나 포기하기 쉽습니다. 적당한 양을 매일매일 학습하도록 하여 수학 공부하는 재미를 느낄 수 있도록 해 주세요.

✳ 교재 학습 과정을 꼭 지켜 주세요

한 주 학습이 끝날 때마다 창의력 문제와 경시 대회 예상 문제를 꼭 풀고 넘어가도록 해 주시고, 한 권(한 달 과정)이 끝나면 성취도 테스트와 종료 테스트를 통해 스스로 실력을 가늠해 볼 수 있도록 도와 주세요. 문제를 다 풀면 반드시 해답지를 이용하여 정확하게 채점해 주시고, 틀린 문제를 체크해 놓았다가 다음에는 확실히 풀 수 있도록 지도해 주세요.

✳ 자녀의 학습 관리를 게을리 하지 마세요

수학적 사고는 하루 아침에 생겨나는 것이 아닙니다. 날마다 꾸준히 규칙적으로 학습해 나갈 때에만 비로소 수학적 사고의 기틀이 마련되는 것입니다. 교육은 사랑입니다. 자녀가 학습한 부분을 어머니께서 꼭 확인하시면서 사랑으로 돌봐 주세요. 부모님의 관심 속에서 자란 아이들만이 성적 향상은 물론 이 사회에서 꼭 필요한 인격체로 성장해 나갈 수 있다는 것도 잊지 마세요.

기탄교력수학 교재별 학습 내용

A 단계 교재

A - ❶ 교재	A - ❷ 교재
나와 가족에 대하여 알기 바른 행동 알기 다양한 선 그리기 다양한 사물 색칠하기 ○△□ 알기 똑같은 것 찾기 빠진 것 찾기 종류가 같은 것과 다른 것 찾기 관찰력, 논리력, 사고력 키우기	필요한 물건 찾기 관계 있는 것 찾기 다양한 기준에 따라 분류하기 (종류, 용도, 모양, 색깔, 재질, 계절, 성질 등) 두 가지 기준에 따라 분류하기 다섯까지 세기 변별력 키우기 미로 통과하기
A - ❸ 교재	A - ❹ 교재
다양한 기준으로 비교하기 (길이, 높이, 양, 무게, 크기, 두께, 넓이, 속도, 깊이 등) 시간의 순서 비교하기 반대 개념 알기 3까지의 숫자 배우기 그림 퍼즐 맞추기 미로 통과하기	최상급 개념 알기 다양한 기준으로 순서 짓기 (크기, 시간, 길이, 두께 등) 네 가지 이상 비교하기 이중 서열 알기 ABAB, ABCABC의 규칙성 알기 다양한 규칙 이해하기 부분과 전체 알기 5까지의 숫자 배우기 일대일 대응, 일대다 대응 알기 미로 통과하기

B 단계 교재

B - ❶ 교재	B - ❷ 교재
열까지 세기 9까지의 숫자 배우기 사물의 기본 모양 알기 모양 구성하기 모양 나누기와 합치기 같은 모양, 짝이 되는 모양 찾기 위치 개념 알기 (위, 아래, 앞, 뒤) 위치 파악하기	9까지의 수량, 수 단어, 숫자 연결하기 구체물을 이용한 수 익히기 반구체물을 이용한 수 익히기 위치 개념 알기 (안, 밖, 왼쪽, 가운데, 오른쪽) 다양한 위치 개념 알기 시간 개념 알기 (낮, 밤) 구체물을 이용한 수와 양의 개념 알기 (같다, 많다, 적다)
B - ❸ 교재	B - ❹ 교재
순서대로 숫자 쓰기 거꾸로 숫자 쓰기 1 큰 수와 2 큰 수 알기 1 작은 수와 2 작은 수 알기 반구체물을 이용한 수와 양의 개념 알기 보존 개념 익히기 여러 가지 단위 배우기	순서수 알기 사물의 입체 모양 알기 입체 모양 나누기 두 수의 크기 비교하기 여러 수의 크기 비교하기 0의 개념 알기 0부터 9까지의 수 익히기

C 단계 교재

C - ❶ 교재	C - ❷ 교재
구체물을 통한 수 가르기 반구체물을 통한 수 가르기 숫자를 도입한 수 가르기 구체물을 통한 수 모으기 반구체물을 통한 수 모으기 숫자를 도입한 수 모으기	수 가르기와 모으기 여러 가지 방법으로 수 가르기 수 모으고 다시 수 가르기 수 가르고 다시 수 모으기 더해 보기 세로로 더해 보기 빼 보기 세로로 빼 보기 더해 보기와 빼 보기 바꾸어서 셈하기
C - ❸ 교재	C - ❹ 교재
길이 측정하기　높이 측정하기 넓이 측정하기　크기 측정하기 둘레 측정하기　무게 측정하기 부피 측정하기　들이 측정하기 활동 시간 알아보기　시간의 순서 알아보기 여러 가지 측정하기	열 개 열 개 만들어 보기 열 개 묶어 보기 자리 알아보기 수 '10' 알아보기 10의 크기 알아보기 더하여 10이 되는 수 알아보기 열다섯까지 세어 보기 스물까지 세어 보기

D 단계 교재

D - ❶ 교재	D - ❷ 교재
수 11~20 알기 11~20까지의 수 알기 30까지의 수 알아보기 자릿값을 이용하여 30까지의 수 나타내기 40까지의 수 알아보기 자릿값을 이용하여 40까지의 수 나타내기 자릿값을 이용하여 50까지의 수 나타내기 50까지의 수 알아보기	상자 모양, 공 모양, 둥근기둥 모양 알아보기 공간 위치 알아보기 입체도형으로 모양 만들기 여러 방향에서 본 모습 관찰하기 평면도형 알아보기 선대칭 모양 알아보기 모양 만들기와 탱그램
D - ❸ 교재	D - ❹ 교재
덧셈 이해하기 100이 되는 더하기 여러 가지로 더해 보기 덧셈 익히기 뺄셈 이해하기 10에서 빼기 여러 가지로 빼 보기 뺄셈 익히기	조사하여 기록하기 그래프의 이해 그래프의 활용 분수의 이해 시간 느끼기 사건의 순서 알기 소요 시간 알아보기 달력 보기 시계 보기 활동한 시간 알기

기탄교력수학 교재별 학습 내용

E 단계 교재

E - ❶ 교재	E - ❷ 교재	E - ❸ 교재
사물의 개수를 세어 보고 1, 2, 3, 4, 5 알아보기 0의 개념과 0~5까지의 수의 순서 알기 하나 더 많다, 적다의 개념 알기 두 수의 크기 비교하기 사물의 개수를 세어 보고 6, 7, 8, 9 알아보기 0~9까지의 수의 순서 알기 하나 더 많다, 적다의 개념 알기 두 수의 크기 비교하기 여러 가지 모양 알아보기, 찾아보기, 만들어 보기 규칙 찾기	두 수로 가르기 두 수를 모으기 가르기와 모으기 덧셈식 알아보기 뺄셈식 알아보기 길이 비교해 보기 높이 비교해 보기 들이 비교해 보기 무게 비교해 보기 넓이 비교해 보기	수 10(십) 알아보기 19까지의 수 알아보기 몇십과 몇십 몇 알아보기 물건의 수 세기 50까지 수의 순서 알아보기 두 수의 크기 비교하기 분류하기 분류하여 세어 보기
E - ❹ 교재	**E - ❺ 교재**	**E - ❻ 교재**
수 60, 70, 80, 90 99까지의 수 수의 순서 두 수의 크기 비교 여러 가지 모양 알아보기, 찾아보기 여러 가지 모양 만들기, 그리기 규칙 찾기 10을 두 수로 가르기 100이 되도록 두 수를 모으기	100이 되는 더하기 10에서 빼기 세 수의 덧셈과 뺄셈 (몇십)+(몇), (몇십 몇)+(몇), (몇십 몇)+(몇십 몇) (몇십 몇)−(몇), (몇십 몇)−(몇십 몇) 긴바늘, 짧은바늘 알아보기 몇 시 알아보기 몇 시 30분 알아보기	세 수의 덧셈 받아올림이 있는 (몇)+(몇) 받아내림이 있는 (십 몇)−(몇) 세 수의 계산 덧셈식, 뺄셈식 만들기 □가 있는 덧셈식, 뺄셈식 만들기 여러 가지 방법으로 해결하기

F 단계 교재

F - ❶ 교재	F - ❷ 교재	F - ❸ 교재
백(100)과 몇백(200, 300, ……)의 개념 이해 세 자리 수와 뛰어 세기의 이해 세 자리 수의 크기 비교 받아올림이 있는 (두 자리 수)+(한 자리 수)의 계산 받아내림이 있는 (두 자리 수)−(한 자리 수)의 계산 세 수의 덧셈과 뺄셈 선분과 직선의 차이 이해 사각형, 삼각형, 원 등의 여러 가지 모양 쌓기나무로 똑같이 쌓아 보고 여러 가지 모양 만들기 배열 순서에 따라 규칙 찾아내기	받아올림이 있는 (두 자리 수)+(두 자리 수)의 계산 받아내림이 있는 (두 자리 수)−(두 자리 수)의 계산 여러 가지 방법으로 계산하고 세 수의 혼합 계산 길이 비교와 단위길이의 비교 길이의 단위(cm) 알기 길이 재기와 길이 어림하기 어떤 수를 □로 나타내기 덧셈식 · 뺄셈식에서 □의 값 구하기 어떤 수를 구하는 식 만들기 식에 알맞은 문제 만들기	시각 읽기 시각과 시간의 차이 알기 하루의 시간 알기 달력을 보며 1년 알기 몇 시 몇 분 전 알기 반 시간 알기 묶어 세기 몇 배 알아보기 더하기를 곱하기로 나타내기 덧셈식과 곱셈식으로 나타내기
F - ❹ 교재	**F - ❺ 교재**	**F - ❻ 교재**
2~9의 단 곱셈구구 익히기 1의 단 곱셈구구와 0의 곱 곱셈표에서 규칙 찾기 받아올림이 없는 세 자리 수의 덧셈 받아내림이 없는 세 자리 수의 뺄셈 여러 가지 방법으로 계산하기 미터(m)와 센티미터(cm) 길이 재기 길이 어림하기 길이의 합과 차	받아올림이 있는 세 자리 수의 덧셈 받아내림이 있는 세 자리 수의 뺄셈 여러 가지 방법으로 덧셈 · 뺄셈하기 세 수의 혼합 계산 똑같이 나누기 전체와 부분의 크기 분수의 쓰기와 읽기 분수만큼 색칠하고 분수로 나타내기 표와 그래프로 나타내기 조사하여 표와 그래프로 나타내기	□가 있는 곱셈식을 만들어 문제 해결하기 규칙을 찾아 문제 해결하기 거꾸로 생각하여 문제 해결하기

G 단계 교재

G - ❶ 교재	G - ❷ 교재	G - ❸ 교재
1000의 개념 알기	똑같이 묶어 덜어 내기와 똑같게 나누기	분수만큼 알기와 분수로 나타내기
몇천, 네 자리 수 알기	나눗셈의 몫	몇 개인지 알기
수의 자릿값 알기	곱셈과 나눗셈의 관계	분수의 크기 비교
뛰어 세기, 두 수의 크기 비교	나눗셈의 몫을 구하는 방법	mm 단위를 알기와 mm 단위까지 길이 재기
세 자리 수의 덧셈	나눗셈의 세로 형식	km 단위를 알기
덧셈의 여러 가지 방법	곱셈을 활용하여 나눗셈의 몫 구하기	km, m, cm, mm의 단위가 있는 길이의
세 자리 수의 뺄셈	평면도형 밀기, 뒤집기, 돌리기	합과 차 구하기
뺄셈의 여러 가지 방법	평면도형 뒤집고 돌리기	시각과 시간의 개념 알기
각과 직각의 이해	(몇십)×(몇)의 계산	1초의 개념 알기
직각삼각형, 직사각형, 정사각형의 이해	(두 자리 수)×(한 자리 수)의 계산	시간의 합과 차 구하기

G - ❹ 교재	G - ❺ 교재	G - ❻ 교재
(네 자리 수)+(세 자리 수)	(몇십)÷(몇)	막대그래프
(네 자리 수)+(네 자리 수)	내림이 없는 (몇십 몇)÷(몇)	막대그래프 그리기
(네 자리 수)−(세 자리 수)	나눗셈의 몫과 나머지	그림그래프
(네 자리 수)−(네 자리 수)	나눗셈식의 검산 / (몇십 몇)÷(몇)	그림그래프 그리기
세 수의 덧셈과 뺄셈	들이 / 들이의 단위	알맞은 그래프로 나타내기
(세 자리 수)×(한 자리 수)	들이의 어림하기와 합과 차	규칙을 정해 무늬 꾸미기
(몇십)×(몇십) / (두 자리 수)×(몇십)	무게 / 무게의 단위	규칙을 찾아 문제 해결
(두 자리 수)×(두 자리 수)	무게의 어림하기와 합과 차	표를 만들어서 문제 해결
원의 중심과 반지름 / 그리기 / 지름 / 성질	0.1 / 소수 알아보기	예상과 확인으로 문제 해결
	소수의 크기 비교하기	

H 단계 교재

H - ❶ 교재	H - ❷ 교재	H - ❸ 교재
만 / 다섯 자리 수 / 십만, 백만, 천만	이등변삼각형 / 이등변삼각형의 성질	소수
억 / 조 / 큰 수 뛰어서 세기	정삼각형 / 예각과 둔각	소수 두 자리 수
두 수의 크기 비교	예각삼각형 / 둔각삼각형	소수 세 자리 수
100, 1000, 10000, 몇백, 몇천의 곱	덧셈, 뺄셈 또는 곱셈, 나눗셈이 섞여 있는 혼합	소수 사이의 관계
(세,네 자리 수)×(두 자리 수)	계산	소수의 크기 비교
세 수의 곱셈 / 몇십으로 나누기	덧셈, 뺄셈, 곱셈, 나눗셈이 섞여 있는 혼합 계산	규칙을 찾아 수로 나타내기
(두,세 자리 수)÷(두 자리 수)	( ), { }가 있는 혼합 계산	규칙을 찾아 글로 나타내기
각의 크기 / 각 그리기 / 각도의 합과 차	분수와 진분수 / 가분수와 대분수	새로운 무늬 만들기
삼각형의 세 각의 크기의 합	대분수를 가분수로, 가분수를 대분수로 나타내기	
사각형의 네 각의 크기의 합	분모가 같은 분수의 크기 비교	

H - ❹ 교재	H - ❺ 교재	H - ❻ 교재
분모가 같은 진분수의 덧셈	사다리꼴 / 평행사변형 / 마름모	꺾은선그래프
분모가 같은 대분수의 덧셈	직사각형과 정사각형의 성질	꺾은선그래프 그리기
분모가 같은 진분수의 뺄셈	다각형과 정다각형 / 대각선	물결선을 사용한 꺾은선그래프
분모가 같은 대분수의 뺄셈	여러 가지 모양 만들기	물결선을 사용한 꺾은선그래프 그리기
분모가 같은 대분수와 진분수의 덧셈과 뺄셈	여러 가지 모양으로 덮기	알맞은 그래프로 나타내기
소수의 덧셈 / 소수의 뺄셈	직사각형과 정사각형의 둘레	꺾은선그래프의 활용
수직과 수선 / 수선 긋기	$1cm^2$ / 직사각형과 정사각형의 넓이	두 수 사이의 관계
평행선 / 평행선 긋기	여러 가지 도형의 넓이	두 수 사이의 관계를 식으로 나타내기
평행선 사이의 거리	이상과 이하 / 초과와 미만 / 수의 범위	문제를 해결하고 풀이 과정을 설명하기
	올림과 버림 / 반올림 / 어림의 활용	

기탄초력수학 교재별 학습 내용

I 단계 교재

I - ❶ 교재

약수 / 배수 / 배수와 약수의 관계
공약수와 최대공약수
공배수와 최소공배수
크기가 같은 분수 알기
크기가 같은 분수 만들기
분수의 약분 / 분수의 통분
분수의 크기 비교 / 진분수의 덧셈
대분수의 덧셈 / 진분수의 뺄셈
대분수의 뺄셈 / 세 분수의 덧셈과 뺄셈

I - ❷ 교재

세 분수의 덧셈과 뺄셈
(진분수)×(자연수) / (대분수)×(자연수)
(자연수)×(진분수) / (자연수)×(대분수)
(단위분수)×(단위분수)
(진분수)×(진분수) / (대분수)×(대분수)
세 분수의 곱셈 / 합동인 도형의 성질
합동인 삼각형 그리기
면, 모서리, 꼭짓점
직육면체와 정육면체
직육면체의 성질 / 겨냥도 / 전개도

I - ❸ 교재

평행사변형의 넓이
삼각형의 넓이
사다리꼴의 넓이
마름모의 넓이
넓이의 단위 m^2, a
넓이의 단위 ha, km^2
넓이의 단위 관계
무게의 단위

I - ❹ 교재

분수와 소수의 관계
분수를 소수로, 소수를 분수로 나타내기
분수와 소수의 크기 비교
1÷(자연수)를 곱셈으로 나타내기
(자연수)÷(자연수)를 곱셈으로 나타내기
(진분수)÷(자연수) / (가분수)÷(자연수)
(대분수)÷(자연수)
분수와 자연수의 혼합 계산
선대칭도형/선대칭의 위치에 있는 도형
점대칭도형/점대칭의 위치에 있는 도형

I - ❺ 교재

(소수)×(자연수) / (자연수)×(소수)
곱의 소수점의 위치
(소수)×(소수)
소수의 곱셈
(소수)÷(자연수)
(자연수)÷(자연수)
줄기와 잎 그림
그림그래프
평균
자료를 그래프로 나타내고 설명하기

I - ❻ 교재

두 수의 크기 비교
비율
백분율
할푼리
실제로 해 보기와 표 만들기
그림 그리기와 식 만들기
예상하고 확인하기와 표 만들기
실제로 해 보기와 규칙 찾기

J 단계 교재

J - ❶ 교재

(자연수)÷(단위분수)
분모가 같은 진분수끼리의 나눗셈
분모가 다른 진분수끼리의 나눗셈
(자연수)÷(진분수) / 대분수의 나눗셈
분수의 나눗셈 활용하기
소수의 나눗셈 / (자연수)÷(소수)
소수의 나눗셈에서 나머지
반올림한 몫
입체도형과 각기둥 / 각뿔
각기둥의 전개도 / 각뿔의 전개도

J - ❷ 교재

쌓기나무의 개수
쌓기나무의 각 자리, 각 층별로 나누어
개수 구하기
규칙 찾기
쌓기나무로 만든 것, 여러 가지 입체도형,
여러 가지 생활 속 건축물의 위, 앞, 옆
에서 본 모양
원주와 원주율 / 원의 넓이
띠그래프 알기 / 띠그래프 그리기
원그래프 알기 / 원그래프 그리기

J - ❸ 교재

비례식
비의 성질
가장 작은 자연수의 비로 나타내기
비례식의 성질
비례식의 활용
연비
두 비의 관계를 연비로 나타내기
연비의 성질
비례배분
연비로 비례배분

J - ❹ 교재

(소수)÷(분수) / (분수)÷(소수)
분수와 소수의 혼합 계산
원기둥 / 원기둥의 전개도
원뿔
회전체 / 회전체의 단면
직육면체와 정육면체의 겉넓이
부피의 비교 / 부피의 단위
직육면체와 정육면체의 부피
부피의 큰 단위
부피와 들이 사이의 관계

J - ❺ 교재

원기둥의 겉넓이
원기둥의 부피
경우의 수
순서가 있는 경우의 수
여러 가지 경우의 수
확률
미지수를 x로 나타내기
등식 알기 / 방정식 알기
등식의 성질을 이용하여 방정식 풀기
방정식의 활용

J - ❻ 교재

두 수 사이의 대응 관계 / 정비례
정비례를 활용하여 생활 문제 해결하기
반비례
반비례를 활용하여 생활 문제 해결하기
그림을 그리거나 식을 세워 문제 해결하기
거꾸로 생각하거나 식을 세워 문제 해결하기
표를 작성하거나 예상과 확인을 통하여
문제 해결하기
여러 가지 방법으로 문제 해결하기
새로운 문제를 만들어 풀어 보기

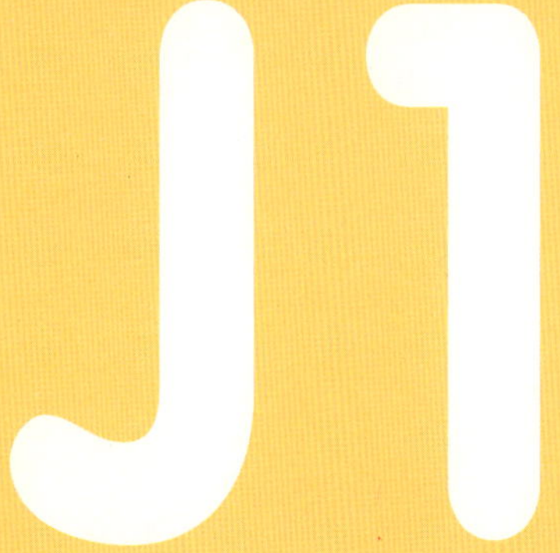

학습 관리표

학습 내용		이번 주는?
분수의 나눗셈	· (자연수)÷(단위분수) · 분모가 같은 진분수끼리의 나눗셈 · 분모가 다른 진분수끼리의 나눗셈 · (자연수)÷(진분수) · 대분수의 나눗셈 · 분수의 나눗셈 활용하기 · 창의력 학습 · 경시대회 예상문제	· 학습 방법 : ① 매일매일　② 가끔　③ 한꺼번에 　　　　　　하였습니다. · 학습 태도 : ① 스스로 잘　② 시켜서 억지로 　　　　　　하였습니다. · 학습 흥미 : ① 재미있게　② 싫증내며 　　　　　　하였습니다. · 교재 내용 : ① 적합하다고　② 어렵다고　③ 쉽다고 　　　　　　하였습니다.
지도 교사가 부모님께		**부모님이 지도 교사께**
평가	Ⓐ 아주 잘함　　　Ⓑ 잘함　　　Ⓒ 보통　　　Ⓓ 부족함	

원(교)　　　　　반　이름　　　　　전화

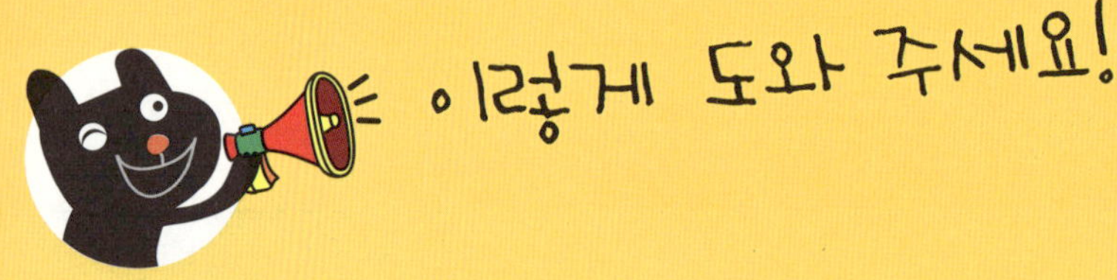

● 학습 목표
– (자연수)÷(단위분수)의 계산을 할 수 있습니다.
– 분모가 같은 진분수의 나눗셈을 할 수 있습니다.
– 분모가 다른 진분수의 나눗셈을 할 수 있습니다.
– (자연수)÷(진분수)의 계산을 할 수 있습니다.
– 대분수의 나눗셈을 할 수 있습니다.
– 분수의 나눗셈을 활용하여 여러 가지 문제를 해결할 수 있습니다.

● 지도 내용
– (자연수)÷(단위분수)를 이해하고 계산해 봅니다.
– 분모가 같은 진분수끼리의 나눗셈을 이해하고 계산해 봅니다.
– 분모가 다른 진분수끼리의 나눗셈을 이해하고 계산해 봅니다.
– (자연수)÷(진분수)를 이해하고 계산해 봅니다.
– 대분수의 나눗셈을 이해하고 계산해 봅니다.
– 분수의 나눗셈의 간편한 방법을 이해하고 여러 가지 문제를 해결해 봅니다.

● 지도 요점
같은 수를 똑같이 여러 번 덜어 내는 방법으로 분수의 나눗셈의 원리를 발견하고, 발견한 원리를 형식화시켜 여러 가지 문제를 해결하도록 합니다. 분수의 나눗셈과 관련하여 한 가지 방법으로 계산하도록 강조해서는 안 되며 여러 가지 방법으로 분수의 나눗셈을 할 수 있도록 지도해 주세요.

◆ (자연수) ÷ (단위분수)(1) ◆

1 $1 \div \dfrac{1}{5}$ 은 얼마인지 알아보려고 합니다. 물음에 답하시오.

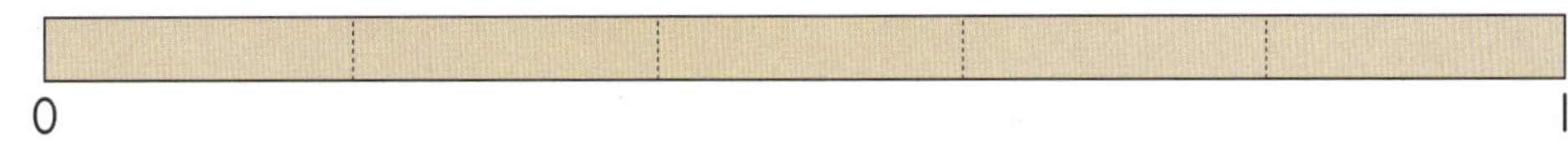

(1) 1에서 $\dfrac{1}{5}$ 을 몇 번 뺄 수 있습니까?

[답]

(2) $1 \div \dfrac{1}{5}$ 은 얼마입니까?

[답]

2 $3 \div \dfrac{1}{4}$ 은 얼마인지 알아보려고 합니다. 물음에 답하시오.

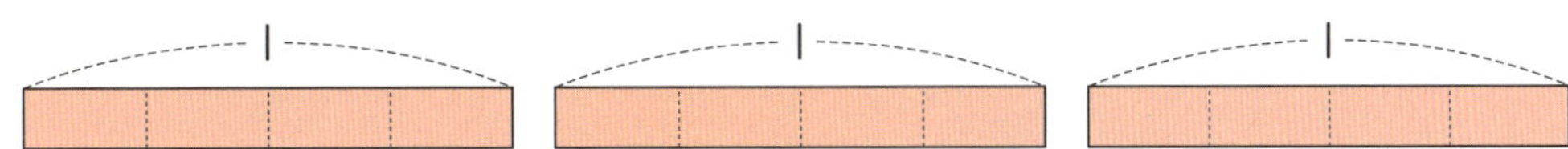

(1) 3에서 $\dfrac{1}{4}$ 을 몇 번 뺄 수 있습니까?

[답]

(2) $3 \div \dfrac{1}{4}$ 은 얼마입니까?

[답]

(3) ☐ 안에 알맞은 수를 써넣으시오.

$$3 \div \dfrac{1}{4} = 3 \times \boxed{} = 12$$

🐸 □ 안에 알맞은 수를 써넣으시오. [3~8]

3 $5 \div \dfrac{1}{2} = 5 \times \boxed{} = \boxed{}$

4 $4 \div \dfrac{1}{5} = 4 \times \boxed{} = \boxed{}$

5 $6 \div \dfrac{1}{7} = 6 \times \boxed{} = \boxed{}$

6 $9 \div \dfrac{1}{4} = 9 \times \boxed{} = \boxed{}$

7 $10 \div \dfrac{1}{6} = 10 \times \boxed{} = \boxed{}$

8 $15 \div \dfrac{1}{3} = 15 \times \boxed{} = \boxed{}$

🐸 나눗셈을 하시오. [9~12]

9 $2 \div \dfrac{1}{4}$

10 $7 \div \dfrac{1}{3}$

11 $8 \div \dfrac{1}{6}$

12 $12 \div \dfrac{1}{5}$

◆ **(자연수)÷(단위분수)(2)** ◆

1 계산 결과가 다른 하나에 ◯표 하시오.

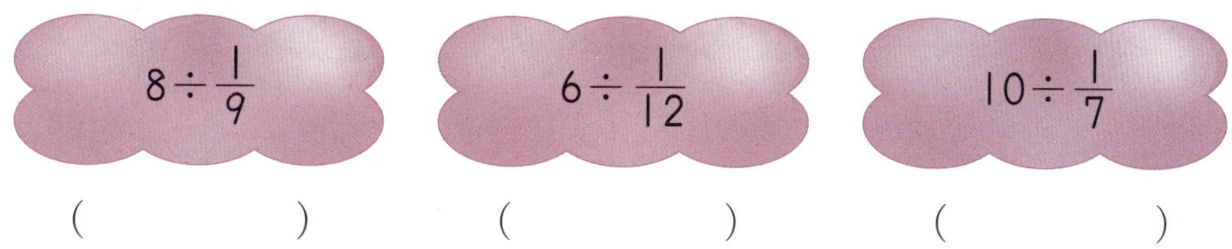

$$8 \div \frac{1}{9} \qquad 6 \div \frac{1}{12} \qquad 10 \div \frac{1}{7}$$

(　　　　)　　　　(　　　　)　　　　(　　　　)

2 ◯ 안에 >, =, <를 알맞게 써넣으시오.

$$9 \div \frac{1}{5} \ \bigcirc \ 7 \div \frac{1}{6}$$

3 계산 결과가 큰 것부터 차례로 기호를 쓰시오.

$$㉠ \ 7 \div \frac{1}{8} \qquad ㉡ \ 9 \div \frac{1}{9} \qquad ㉢ \ 14 \div \frac{1}{5} \qquad ㉣ \ 18 \div \frac{1}{4}$$

[답]

4 빈칸에 알맞은 수를 써넣으시오.

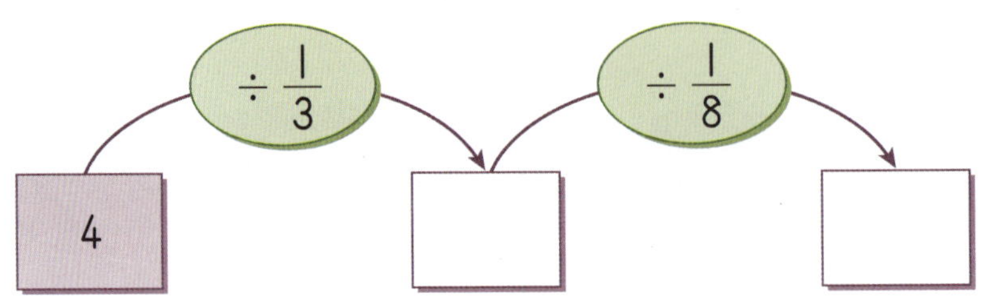

5 □ 안에 들어갈 수가 더 작은 것의 기호를 쓰시오.

$$㉠\ \square \div \frac{1}{8} = 32 \qquad ㉡\ \square \div \frac{1}{5} = 30$$

[답]

6 6m인 철사를 $\frac{1}{5}$m씩 자르려고 합니다. 철사는 몇 도막이 됩니까?

[답]

 사고력 학습

◆ 분모가 같은 진분수끼리의 나눗셈(1) ◆

1 $\dfrac{3}{5} \div \dfrac{1}{5}$ 은 얼마인지 알아보려고 합니다. 물음에 답하시오.

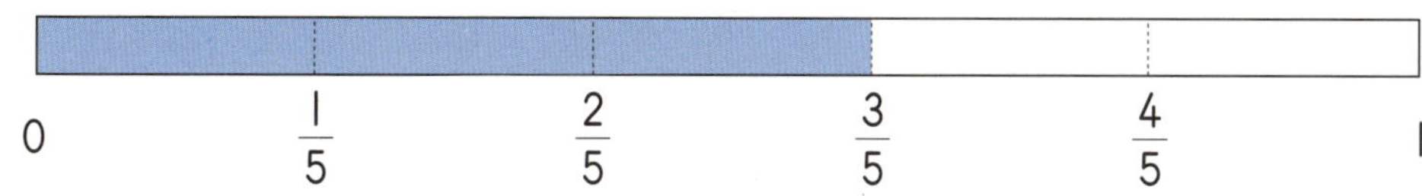

(1) $\dfrac{3}{5}$ 에서 $\dfrac{1}{5}$ 을 몇 번 뺄 수 있습니까?

[답]

(2) $\dfrac{3}{5} \div \dfrac{1}{5}$ 은 얼마입니까?

[답]

2 $\dfrac{8}{9} \div \dfrac{2}{9}$ 는 얼마인지 알아보려고 합니다. ☐ 안에 알맞은 수를 써넣으시오.

- $\dfrac{8}{9}$ 은 $\dfrac{1}{9}$ 이 ☐ 개입니다.
- $\dfrac{2}{9}$ 는 $\dfrac{1}{9}$ 이 ☐ 개입니다.
- $\dfrac{8}{9} \div \dfrac{2}{9} = ☐ \div ☐ = ☐$

사고력 학습

🐸 ☐ 안에 알맞은 수를 써넣으시오. [3~7]

3 $\dfrac{3}{4} \div \dfrac{1}{4} = \boxed{} \div \boxed{} = \boxed{}$

4 $\dfrac{5}{7} \div \dfrac{1}{7} = \boxed{} \div \boxed{} = \boxed{}$

5 $\dfrac{6}{8} \div \dfrac{3}{8} = \boxed{} \div \boxed{} = \boxed{}$

6 $\dfrac{20}{21} \div \dfrac{4}{21} = \boxed{} \div \boxed{} = \boxed{}$

7 $\dfrac{9}{11} \div \dfrac{7}{11} = \boxed{} \div \boxed{} = \dfrac{\boxed{}}{\boxed{}} = \boxed{}\dfrac{\boxed{}}{\boxed{}}$

🐸 나눗셈을 하시오. [8~11]

8 $\dfrac{4}{5} \div \dfrac{2}{5}$

9 $\dfrac{15}{16} \div \dfrac{5}{16}$

10 $\dfrac{5}{7} \div \dfrac{3}{7}$

11 $\dfrac{9}{12} \div \dfrac{4}{12}$

❀ 이름 :

❀ 날짜 :

❀ 시간 :　　시　　분 ~ 　　시　　분

◆ **분모가 같은 진분수끼리의 나눗셈(2)** ◆

1 관계있는 것끼리 선으로 이으시오.

$\dfrac{5}{9} \div \dfrac{4}{9}$ ·

$\dfrac{6}{7} \div \dfrac{2}{7}$ ·

· $\dfrac{4}{5}$

· $1\dfrac{1}{4}$

· 3

2 빈칸에 알맞은 수를 써넣으시오.

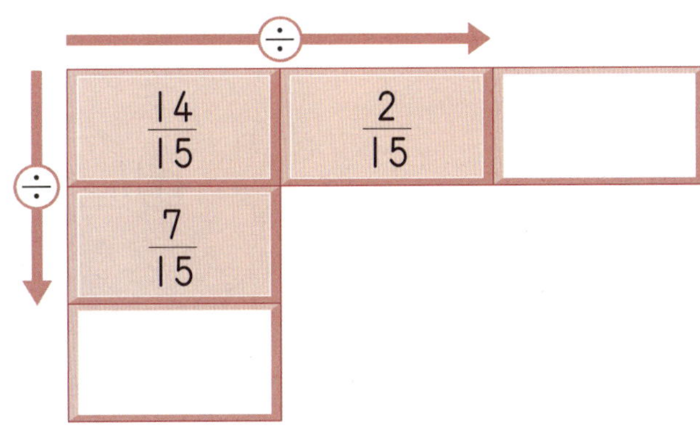

3 계산 결과가 가장 작은 것을 찾아 기호를 쓰시오.

㉠ $\dfrac{7}{8} \div \dfrac{5}{8}$　　　㉡ $\dfrac{2}{3} \div \dfrac{1}{3}$　　　㉢ $\dfrac{9}{10} \div \dfrac{3}{10}$　　　㉣ $\dfrac{5}{7} \div \dfrac{2}{7}$

[답]

사고력 학습

4 □ 안에 들어갈 수 있는 자연수를 모두 구하시오.

$$\frac{5}{8} \div \frac{3}{8} < \square < \frac{16}{20} \div \frac{4}{20}$$

[답]

5 $\frac{5}{6}$L의 음료수를 $\frac{1}{6}$L씩 컵에 나누어 담으려고 합니다. 컵은 몇 개 필요합니까?

[답]

6 $\frac{12}{15}$m의 나무 막대를 $\frac{4}{15}$m씩 자르려고 합니다. 나무 막대는 몇 도막이 됩니까?

[답]

사고력 학습

◆ **분모가 다른 진분수끼리의 나눗셈(1)** ◆

1 □ 안에 알맞은 수를 써넣으시오.

$$\frac{3}{8} \div \frac{2}{5} = \frac{3 \times \square}{8 \times \square} \div \frac{2 \times \square}{5 \times \square} = \frac{\square}{40} \div \frac{\square}{40}$$

$$= \square \div \square = \frac{\square}{\square}$$

🐸 □ 안에 알맞은 수를 써넣으시오. [2~4]

2 $\dfrac{2}{5} \div \dfrac{1}{3} = \dfrac{\square}{15} \div \dfrac{\square}{15} = \dfrac{\square}{\square} = \square\dfrac{\square}{\square}$

3 $\dfrac{2}{7} \div \dfrac{5}{6} = \dfrac{\square}{42} \div \dfrac{\square}{42} = \dfrac{\square}{\square}$

4 $\dfrac{5}{9} \div \dfrac{7}{8} = \dfrac{\square}{72} \div \dfrac{\square}{72} = \dfrac{\square}{\square}$

🐸 □ 안에 알맞은 수를 써넣으시오. [5~6]

5
$$\frac{4}{7} \div \frac{2}{3} = \frac{4 \times \square}{7 \times 3} \div \frac{2 \times \square}{3 \times 7} = \frac{4 \times \square}{2 \times \square} = \frac{\overset{}{\cancel{4}}}{\square} \times \frac{\square}{\underset{2}{\square}} = \frac{\square}{\square}$$

6
$$\frac{3}{4} \div \frac{7}{9} = \frac{3 \times \square}{4 \times 9} \div \frac{7 \times \square}{9 \times 4} = \frac{3 \times \square}{7 \times \square} = \frac{3}{\square} \times \frac{\square}{7} = \frac{\square}{\square}$$

🐸 보기 와 같은 방법으로 나눗셈을 하시오. [7~8]

보기
$$\frac{4}{5} \div \frac{6}{7} = \frac{\overset{2}{\cancel{4}}}{5} \times \frac{7}{\underset{3}{\cancel{6}}} = \frac{14}{15}$$

7 $\dfrac{5}{8} \div \dfrac{3}{4}$ ______

8 $\dfrac{9}{10} \div \dfrac{5}{6}$ ______

J-6a

★ 이름 :

★ 날짜 :

★ 시간 :　시　분 ~　시　분

확인

◆ **분모가 다른 진분수끼리의 나눗셈(2)** ◆

1 계산 결과가 1보다 큰 것을 모두 찾아 기호를 쓰시오.

$$㉠\ \frac{2}{5} \div \frac{3}{10} \qquad ㉡\ \frac{2}{3} \div \frac{4}{5} \qquad ㉢\ \frac{5}{6} \div \frac{3}{7} \qquad ㉣\ \frac{5}{12} \div \frac{5}{8}$$

[답]

2 빈 곳에 알맞은 수를 써넣으시오.

$$\frac{3}{7} \qquad \div\ \frac{5}{8} \qquad\qquad \div\ \frac{12}{25}$$

3 ◯ 안에 >, =, <를 알맞게 써넣으시오.

$$\frac{15}{16} \div \frac{3}{10} \ \bigcirc\ \frac{4}{9} \div \frac{11}{18}$$

4 다음 직사각형의 넓이는 $\dfrac{24}{35}$ cm^{2}입니다. 이 직사각형의 가로는 몇 cm입니까?

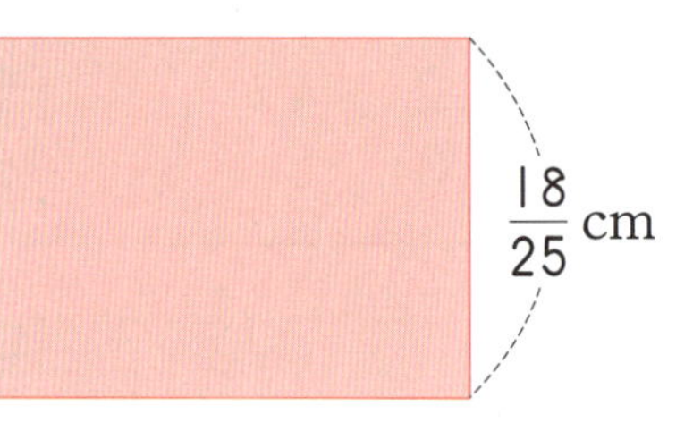

[답] _______________

5 참기름이 $\dfrac{4}{5}$ L 있습니다. 한 사람에게 $\dfrac{2}{15}$ L씩 나누어 준다면 몇 명에게 나누어 줄 수 있습니까?

[답] _______________

6 파란 구슬의 무게는 $\dfrac{7}{10}$ kg이고, 빨간 구슬의 무게는 $\dfrac{3}{4}$ kg입니다. 파란 구슬의 무게는 빨간 구슬의 무게의 몇 배입니까?

[답] _______________

사고력 학습

J-7a

이름 :

날짜 :

시간 :　시　분～　시　분

확인

◆ **(자연수) ÷ (진분수) (1)** ◆

1 $3 \div \dfrac{2}{3}$ 를 다음과 같은 방법으로 계산하려고 합니다. □ 안에 알맞은 수를 써넣으시오.

(1) $3 \div \dfrac{2}{3} = \dfrac{3 \times \square}{3} \div \dfrac{2}{3} = (3 \times \square) \div 2 = \dfrac{3 \times \square}{2}$

$\qquad = \dfrac{\square}{2} = \square \dfrac{\square}{\square}$

(2) $3 \div \dfrac{2}{3} = 3 \times \dfrac{\square}{2} = \dfrac{\square}{2} = \square \dfrac{\square}{\square}$

🐸 □ 안에 알맞은 수를 써넣으시오. [2~3]

2 $6 \div \dfrac{5}{8} = \dfrac{\square}{8} \div \dfrac{5}{8} = \square \div 5 = \dfrac{\square}{5} = \square \dfrac{\square}{\square}$

3 $9 \div \dfrac{3}{7} = \dfrac{\square}{7} \div \dfrac{3}{7} = \square \div 3 = \square$

사고력 학습

🐸 □ 안에 알맞은 수를 써넣으시오. [4~5]

4 $8 \div \dfrac{4}{5} = 8 \times \dfrac{\boxed{}}{\boxed{}} = \boxed{}$

5 $5 \div \dfrac{7}{9} = 5 \times \dfrac{\boxed{}}{\boxed{}} = \dfrac{\boxed{}}{\boxed{}} = \boxed{} \dfrac{\boxed{}}{\boxed{}}$

🐸 나눗셈을 하시오. [6~11]

6 $4 \div \dfrac{3}{5}$　　　　　　　**7** $7 \div \dfrac{5}{6}$

8 $10 \div \dfrac{5}{8}$　　　　　　　**9** $12 \div \dfrac{8}{9}$

10 $18 \div \dfrac{6}{7}$　　　　　　**11** $25 \div \dfrac{10}{11}$

◆ **(자연수)÷(진분수)(2)** ◆

1 계산 결과가 자연수가 아닌 것을 찾아 기호를 쓰시오.

$$ \text{㉠ } 12 \div \frac{6}{11} \qquad \text{㉡ } 8 \div \frac{8}{15} \qquad \text{㉢ } 5 \div \frac{10}{21} \qquad \text{㉣ } 52 \div \frac{4}{9} $$

[답] ________________

2 빈칸에 알맞은 수를 써넣으시오.

$\div$		
10	$\frac{8}{9}$	
15	$\frac{5}{8}$	

3 계산 결과가 큰 것부터 차례로 ◯ 안에 번호를 써넣으시오.

사고력 학습

4 □ 안에 들어갈 수 있는 자연수는 모두 몇 개입니까?

$$10 \div \frac{2}{3} < \square < 18 \div \frac{12}{17}$$

[답]

5 20m의 고무줄을 $\frac{4}{5}$m씩 자르면 몇 도막이 됩니까?

[답]

6 어느 제과점에서 빵을 한 개 만드는 데 $\frac{3}{20}$시간이 걸린다고 합니다. 이 제과점에서 9시간 동안 만들 수 있는 빵은 몇 개입니까?

[답]

7 땅콩이 45kg 있습니다. 땅콩을 한 봉지에 $\frac{9}{10}$kg씩 담으면 몇 봉지가 됩니까?

[답]

◆ **대분수의 나눗셈(1)** ◆

1 $2\frac{1}{2} \div \frac{3}{8}$ 을 다음과 같은 방법으로 계산하려고 합니다. ☐ 안에 알맞은 수를 써넣으시오.

(1) $2\frac{1}{2} \div \frac{3}{8} = \frac{\boxed{}}{2} \div \frac{3}{8} = \frac{\boxed{}}{8} \div \frac{3}{8} = \frac{\boxed{}}{3} = \boxed{}\frac{\boxed{}}{\boxed{}}$

(2) $2\frac{1}{2} \div \frac{3}{8} = \frac{\boxed{}}{2} \div \frac{3}{8} = \frac{\boxed{}}{\underset{\boxed{}}{2}} \times \frac{\overset{\boxed{}}{8}}{3} = \frac{\boxed{}}{3} = \boxed{}\frac{\boxed{}}{\boxed{}}$

2 $1\frac{3}{4} \div 2\frac{1}{6}$ 을 다음과 같은 방법으로 계산하려고 합니다. ☐ 안에 알맞은 수를 써넣으시오.

(1) $1\frac{3}{4} \div 2\frac{1}{6} = \frac{\boxed{}}{4} \div \frac{\boxed{}}{6} = \frac{\boxed{}}{12} \div \frac{\boxed{}}{12} = \frac{\boxed{}}{\boxed{}}$

(2) $1\frac{3}{4} \div 2\frac{1}{6} = \frac{\boxed{}}{4} \div \frac{\boxed{}}{6} = \frac{\boxed{}}{4} \times \frac{6}{\boxed{}} = \frac{\boxed{}}{52} = \frac{21}{\boxed{}}$

(3) $1\frac{3}{4} \div 2\frac{1}{6} = \frac{\boxed{}}{4} \div \frac{\boxed{}}{6} = \frac{\boxed{}}{\underset{\boxed{}}{4}} \times \frac{\overset{\boxed{}}{6}}{\boxed{}} = \frac{\boxed{}}{\boxed{}}$

보기 와 같은 방법으로 나눗셈을 하시오. [3~4]

보기

$$1\frac{1}{3} \div 2\frac{2}{5} = \frac{4}{3} \div \frac{12}{5} = \frac{\overset{1}{\cancel{4}}}{3} \times \frac{5}{\underset{3}{\cancel{12}}} = \frac{5}{9}$$

3 $2\dfrac{2}{5} \div \dfrac{8}{9}$

4 $3\dfrac{3}{4} \div 1\dfrac{4}{5}$

나눗셈을 하시오. [5~6]

5 $4\dfrac{1}{6} \div \dfrac{10}{11}$

6 $2\dfrac{2}{5} \div 3\dfrac{1}{3}$

사고력 학습

✿ 이름 :
✿ 날짜 :
✿ 시간 :   시   분 ~   시   분

◆ **대분수의 나눗셈(2)** ◆

1 계산 결과가 같은 것끼리 선으로 이으시오.

$$4\frac{1}{6} \div 1\frac{1}{9}$$ ·

$$3\frac{3}{4} \div 2\frac{1}{2}$$ ·

· $$2\frac{2}{7} \div \frac{10}{21}$$

· $$1\frac{1}{8} \div \frac{3}{4}$$

· $$2\frac{5}{8} \div \frac{7}{10}$$

2 계산 결과가 자연수가 아닌 것을 찾아 기호를 쓰시오.

㉠ $3\frac{5}{9} \div \frac{8}{9}$ ㉡ $3\frac{1}{8} \div 1\frac{9}{16}$ ㉢ $8\frac{2}{5} \div 4\frac{3}{10}$ ㉣ $6\frac{3}{7} \div \frac{9}{14}$

[답]

3 ○ 안에 >, =, <를 알맞게 써넣으시오.

$$3\frac{3}{5} \div 2\frac{4}{7} \quad \bigcirc \quad 6\frac{1}{4} \div 5\frac{5}{6}$$

4 빈칸에 알맞은 수를 써넣으시오.

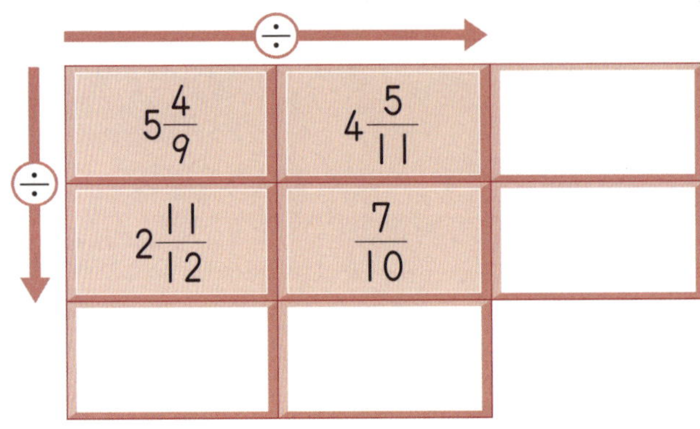

5 샐러드가 $3\frac{3}{4}$ kg 있습니다. 이 샐러드를 $\frac{5}{16}$ kg씩 접시에 나누어 담으려고 합니다. 접시는 몇 개 필요합니까?

[답]

6 참기름이 $7\frac{1}{5}$ L, 간장이 $3\frac{3}{7}$ L 있습니다. 참기름의 양은 간장의 양의 몇 배입니까?

[답]

사고력 학습

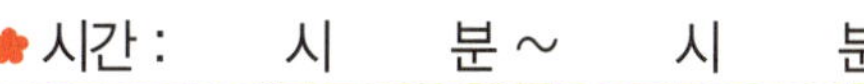

◆ **분수의 나눗셈 활용하기(1)** ◆

1 $\frac{1}{2}$ 시간 동안 40cm를 움직이는 달팽이가 있습니다. 같은 빠르기로 이 달팽이가 한 시간 동안 움직인 거리는 몇 cm입니까?

[식]　　　　　　　　　　　　　　　　[답]

2 식용유가 $\frac{4}{5}$L 있습니다. 이 식용유를 작은 병에 $\frac{2}{15}$L씩 똑같이 나누어 담으려고 합니다. 작은 병은 몇 개 필요합니까?

[식]　　　　　　　　　　　　　　　　[답]

3 길이가 $6\frac{1}{4}$m인 고무줄을 한 사람에게 $\frac{5}{8}$m씩 나누어 주려고 합니다. 몇 명까지 나누어 줄 수 있습니까?

[식]　　　　　　　　　　　　　　　　[답]

4 넓이가 6m²이고 가로가 $\frac{5}{8}$m인 직사각형의 세로는 몇 m입니까?

[식]   [답]

5 밀가루 $\frac{7}{9}$kg으로 도넛을 한 개 만들 수 있습니다. 밀가루 $9\frac{1}{3}$kg으로 만들 수 있는 도넛은 몇 개입니까?

[식]   [답]

6 다음과 같이 색 테이프가 2개 있습니다. 색 테이프 ㉮의 길이는 색 테이프 ㉯의 길이의 몇 배입니까?

㉮ $8\frac{2}{5}$m

㉯ $3\frac{3}{8}$m

[식]   [답]

★ 이름 :

★ 날짜 :

★ 시간 :　　시　　분～　　시　　분

확인

◆ **분수의 나눗셈 활용하기(2)** ◆

1 굵기가 일정한 통나무 $\frac{7}{8}$ m의 무게는 $\frac{15}{16}$ kg입니다. 이 통나무 1m의 무게는 몇 kg입니까?

[답]

2 학교에서 현영이네 집까지의 거리는 $1\frac{7}{8}$ km이고, 진우네 집까지의 거리는 $\frac{3}{4}$ km입니다. 학교에서 현영이네 집까지의 거리는 학교에서 진우네 집까지의 거리의 몇 배입니까?

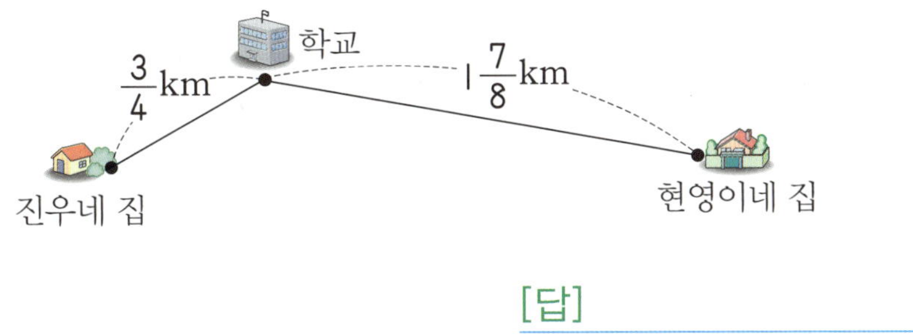

[답]

3 휘발유 1L로 $15\frac{3}{10}$ km를 가는 자동차가 있습니다. 이 자동차로 289km를 가려면 휘발유는 몇 L 필요합니까?

[답]

사고력 학습

4 100L들이의 물통이 있습니다. $4\frac{1}{6}$ L씩 몇 번 부으면 이 물통에 물이 가득 찰 수 있습니까?

[답]

5 어머니의 몸무게는 상우의 몸무게의 $1\frac{4}{5}$ 배입니다. 어머니의 몸무게가 $50\frac{5}{8}$ kg일 때, 상우의 몸무게는 몇 kg입니까?

[답]

6 수도꼭지를 $3\frac{3}{4}$ 분 동안 틀었더니 물이 $10\frac{2}{3}$ L 나왔습니다. 물이 $20\frac{4}{5}$ L 나오는 데 걸리는 시간은 몇 분입니까?

[답]

 사고력 학습

✿ 이름 :

✿ 날짜 :

✿ 시간 : 　시　분～　시　분

확인

🌐 창의력 학습

길이가 10m인 통나무가 3개 있습니다. 이 통나무를 $\dfrac{5}{7}$m씩 자르면 몇 도막이 됩니까?

[답] ____________________

창의력 학습

J-13b

민정이가 정사각형 모양의 종이를 겹치지 않게 이어 붙인 다음 그림과 같이 색칠하였습니다. 색칠된 종이의 넓이의 합이 $52cm^2$일 때, 이어 붙인 전체 종이의 넓이는 몇 cm^2입니까?

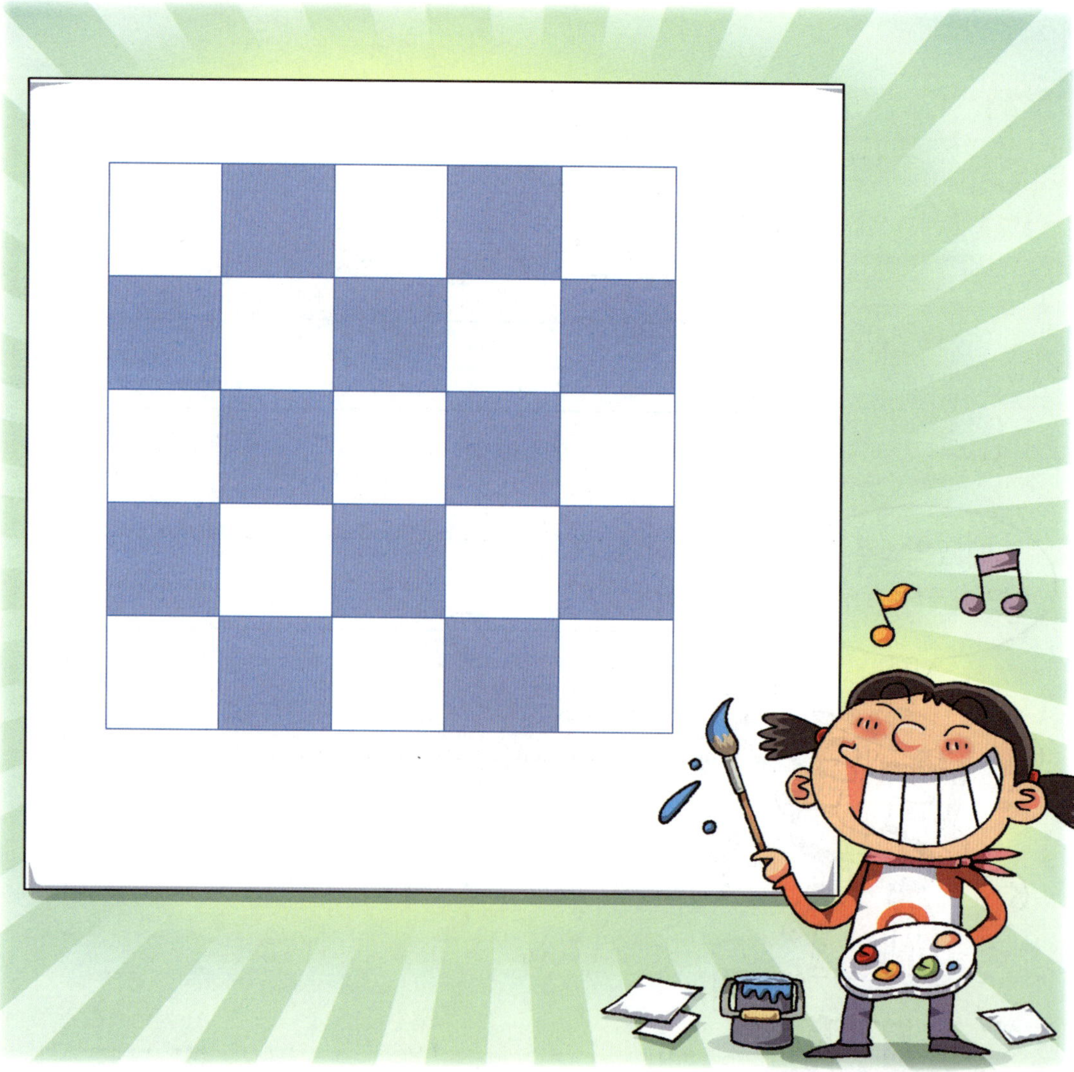

[답]

✚ 경시대회 예상문제

1 □ 안에 들어갈 수가 가장 큰 것을 찾아 기호를 쓰시오.

$$ ⓐ\ \square \div \frac{1}{3} = 21 \qquad ⓑ\ 14 \div \frac{1}{\square} = 28 $$

$$ ⓒ\ \square \div \frac{1}{7} = 35 \qquad ⓓ\ 6 \div \frac{1}{\square} = 54 $$

[답]

2 □ 안에 들어갈 수 있는 1보다 큰 자연수를 모두 구하시오.

$$ 6 \div \frac{1}{\square} < 9 \div \frac{3}{8} $$

[답]

3 장난감 한 개를 만드는 데 $\dfrac{5}{6}$ 시간이 걸립니다. 하루에 8시간씩 5일 동안 일 한다면 장난감을 몇 개 만들 수 있겠습니까?

[답]

4 굵기가 일정한 나무 $6\frac{2}{3}$m의 무게가 8kg이라고 합니다. 이 나무 $5\frac{3}{5}$m의 무게는 몇 kg입니까?

[답]

5 어떤 수를 $3\frac{3}{4}$으로 나누어야 할 것을 잘못하여 곱했더니 $11\frac{1}{4}$이 되었습니다. 바르게 계산하면 얼마입니까?

[답]

6 진우는 가지고 있던 색종이의 $\frac{3}{5}$으로 종이배를 접었더니 남은 색종이가 24장이었습니다. 진우가 처음에 가지고 있던 색종이는 몇 장인지 풀이 과정을 쓰고 답을 구하시오.

[답]

7 $89\frac{1}{7}$L들이의 물탱크에 물이 16L 들어 있습니다. 이 물탱크에 물을 가득 채우려면 들이가 $4\frac{4}{7}$L인 그릇으로 적어도 몇 번 부어야 합니까?

[답]

8 20분 동안 $28\frac{4}{5}$km를 가는 자동차가 있습니다. 이 자동차가 같은 빠르기로 $187\frac{1}{5}$km를 갔다면 몇 시간 몇 분 동안 달린 것입니까?

[답]

9 다음 삼각형의 넓이는 $12\frac{3}{4}$cm²입니다. ☐ 안에 알맞은 수를 써넣으시오.

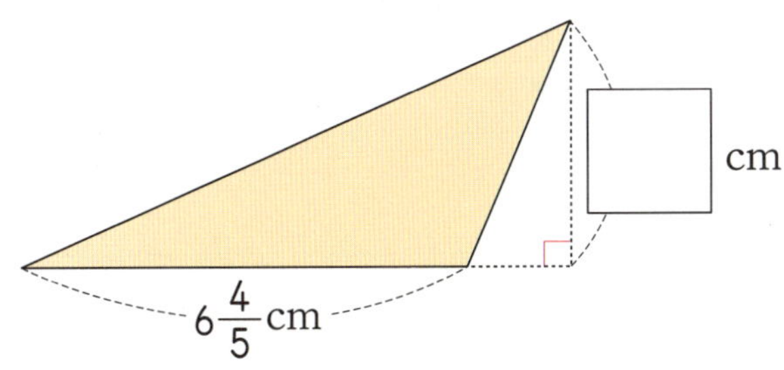

10 ㉠은 ㉡의 몇 배입니까?

$$㉠ \ 24\frac{1}{5} \div \frac{3}{4} \div 1\frac{3}{8} \qquad ㉡ \ 9 \div 2\frac{1}{7} \div \frac{9}{10}$$

[답]

11 □ 안에 들어갈 수 있는 자연수는 모두 몇 개입니까?

$$20\frac{2}{3} \div 4\frac{2}{7} \div 1\frac{5}{9} < □ < 12\frac{1}{4} \div 1\frac{2}{5} \div \frac{5}{8}$$

[답]

서술형·논술형

12 오른쪽 사다리꼴과 넓이가 같은 직사각형이 있습니다. 직사각형의 가로가 $5\frac{2}{5}$ cm일 때, 세로는 몇 cm인지 풀이 과정을 쓰고 답을 구하시오.

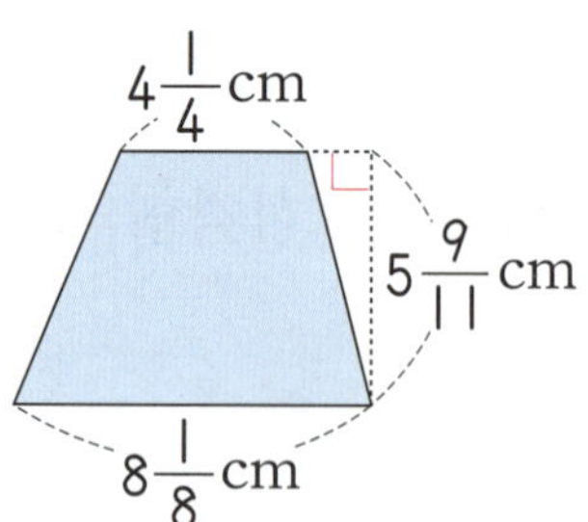

[답]

학습 관리표

학습 내용		이번 주는?
소수의 나눗셈	· (소수 한 자리 수)÷(소수 한 자리 수) · (소수 두 자리 수)÷(소수 두 자리 수) · 자릿수가 다른 두 소수의 나눗셈 · (자연수)÷(소수) · 소수의 나눗셈에서 나머지 · 반올림한 몫 · 창의력 학습 · 경시대회 예상문제	· 학습 방법 : ① 매일매일　② 가끔　③ 한꺼번에 　하였습니다. · 학습 태도 : ① 스스로 잘　② 시켜서 억지로 　하였습니다. · 학습 흥미 : ① 재미있게　② 싫증내며 　하였습니다. · 교재 내용 : ① 적합하다고　② 어렵다고　③ 쉽다고 　하였습니다.
지도 교사가 부모님께		**부모님이 지도 교사께**
평가	Ⓐ 아주 잘함　Ⓑ 잘함	Ⓒ 보통　Ⓓ 부족함

원(교)　　　　반　이름　　　　전화

기초부터 탄탄하게
G 기탄교육

www.gitan.co.kr / (02)586-1007(대)

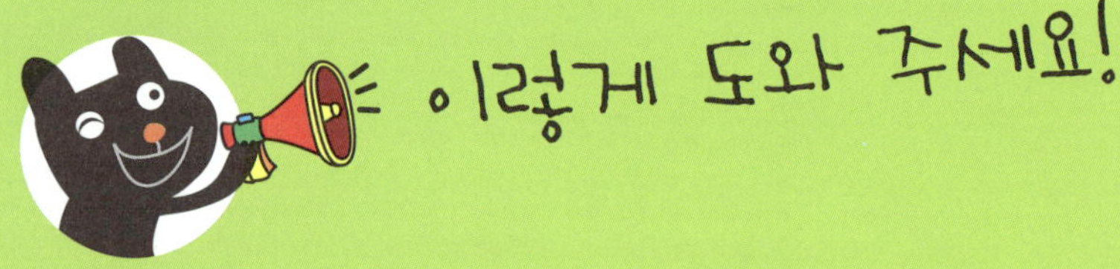

● 학습 목표
– 소수의 나눗셈에서 소수를 자연수로 바꾸어 계산하는 원리를 이해할 수 있습니다.
– (소수)÷(소수)의 계산 원리를 알고 계산할 수 있습니다.
– 소수의 나눗셈에서 몫과 나머지를 구할 수 있고, 나눗셈을 검산할 수 있습니다.
– 소수의 나눗셈에서 나누어떨어지지 않는 몫을 반올림하여 나타낼 수 있습니다.

● 지도 내용
– (소수 한 자리 수)÷(소수 한 자리 수)를 분수의 나눗셈을 이용하여 (자연수)÷(자연수)
 로 바꾸어 계산해 봅니다.
– (소수 두 자리 수)÷(소수 두 자리 수)를 분수의 나눗셈을 이용하여 (자연수)÷(자연수)
 로 바꾸어 계산해 봅니다.
– 나눠지는 수와 나누는 수의 소수점을 옮기는 원리를 이해합니다.
– 자릿수가 다른 두 소수의 나눗셈을 분수의 나눗셈을 이용하여 (소수)÷(자연수)로
 바꾸어 계산해 봅니다.
– 소수의 나눗셈에서 몫과 나머지를 구해 봅니다.
– 소수의 나눗셈에서 검산하는 방법을 알고 검산해 봅니다.
– 소수의 나눗셈에서 몫이 나누어떨어지지 않을 때에는 몫을 반올림하여 나타내어 봅
 니다.

● 지도 요점
(소수)÷(소수)를 계산하기 위하여 나누는 수의 소수점을 옮겨서 자연수로 바꾸는 원
리를 분수 등을 이용하여 이해하도록 합니다. 그리고 소수의 나눗셈에서 몫과 나머지
를 구하고 검산하며, 몫이 나누어떨어지지 않거나 너무 복잡할 때에 몫을 적절한 자
릿수로 반올림하여 나타내게 합니다.

◆ **(소수 한 자리 수) ÷ (소수 한 자리 수) (1)** ◆

1 4.8 ÷ 0.8은 얼마인지 알아보려고 합니다. ☐ 안에 알맞은 수를 써넣으시오.

(1) $4.8 - 0.8 - 0.8 - 0.8 - 0.8 - 0.8 - 0.8 = \boxed{}$

(2) 4.8에서 0.8을 $\boxed{}$ 번 뺄 수 있으므로 4.8 ÷ 0.8 = $\boxed{}$ 입니다.

☐ 안에 알맞은 수를 써넣으시오. [2~4]

2 $1.2 \div 0.4 = \dfrac{\boxed{}}{10} \div \dfrac{\boxed{}}{10} = \boxed{} \div \boxed{} = \boxed{}$

3 $3.6 \div 0.9 = \dfrac{\boxed{}}{10} \div \dfrac{\boxed{}}{10} = \boxed{} \div \boxed{} = \boxed{}$

4 $10.5 \div 1.5 = \dfrac{\boxed{}}{10} \div \dfrac{\boxed{}}{10} = \boxed{} \div \boxed{} = \boxed{}$

사고력 학습

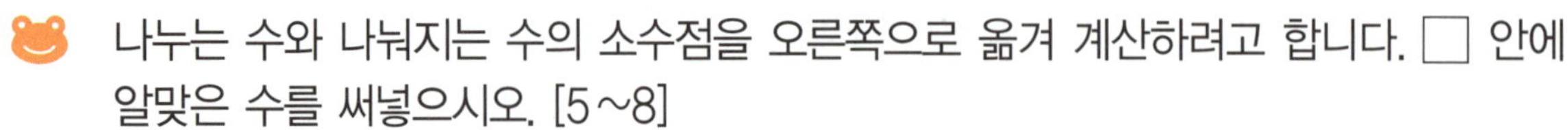
나누는 수와 나눠지는 수의 소수점을 오른쪽으로 옮겨 계산하려고 합니다. ☐ 안에 알맞은 수를 써넣으시오. [5~8]

5

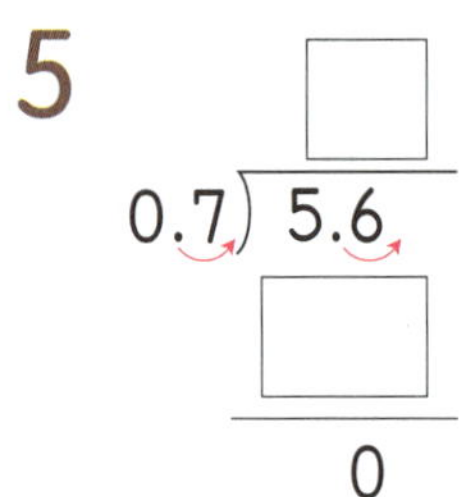

$0.7\,\overline{)\,5.6\,}$

6

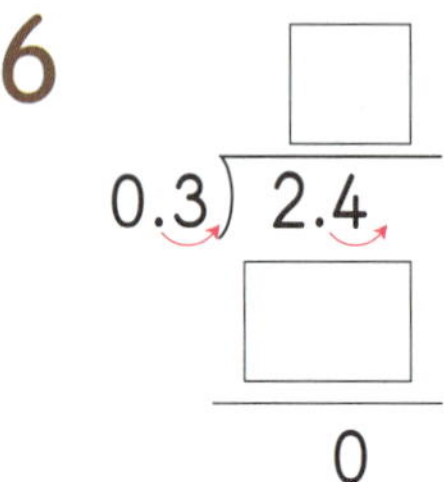

$0.3\,\overline{)\,2.4\,}$

7

$1.2\,\overline{)\,2\,0.4\,}$

8 4

8

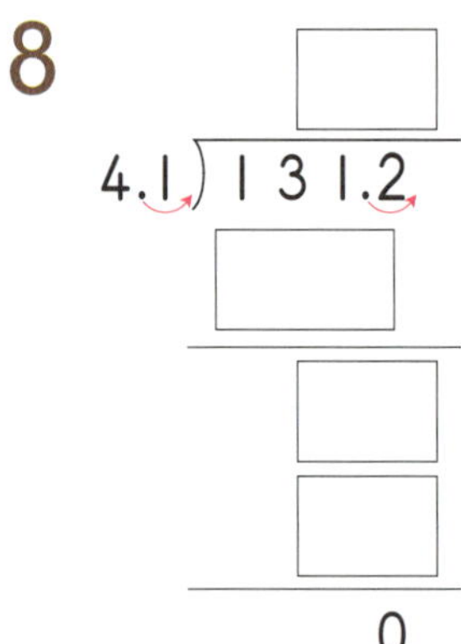

$4.1\,\overline{)\,1\,3\,1.2\,}$

소수의 나눗셈을 하시오. [9~12]

9 $0.5\,\overline{)\,3.5\,}$

10 $0.9\,\overline{)\,1\,0.8\,}$

11 $4.2 \div 0.6$

12 $176.8 \div 3.4$

이름 :

날짜 :

시간 : 　시　　분 ～ 　시　　분

확인

◆ **(소수 한 자리 수)÷(소수 한 자리 수)** (2) ◆

1 계산 결과가 같은 것끼리 선으로 이으시오.

| 2.4÷0.6 | · |

| 219.3÷4.3 | · |

· 61.2÷1.2

· 24.5÷0.7

· 1.6÷0.4

2 빈칸에 알맞은 수를 써넣으시오.

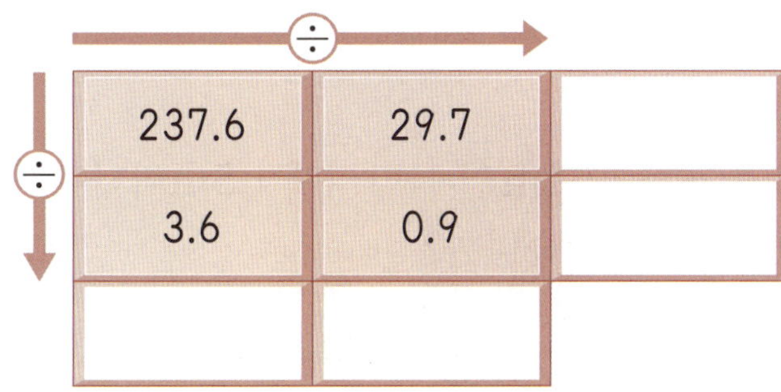

3 나눗셈을 계산하여 ○ 안에 >, =, <를 알맞게 써넣으시오.

213.9÷6.9 ◯ 214.6÷7.4

사고력 학습

4 계산 결과가 가장 작은 것을 찾아 기호를 쓰시오.

$$\bigcirc\ 79.1 \div 0.7 \qquad \bigcirc\ 218.4 \div 2.4$$
$$\bigcirc\ 510.4 \div 5.8 \qquad \textcircled{ㄹ}\ 929.6 \div 11.2$$

[답]

5 □ 안에 들어갈 수 있는 자연수를 모두 구하시오.

$$78.2 \div 3.4 < \square < 110.7 \div 4.1$$

[답]

6 그림과 같이 둘레가 13.5m인 울타리에 1.5m마다 기둥을 세우려고 합니다. 기둥은 몇 개 세울 수 있습니까?

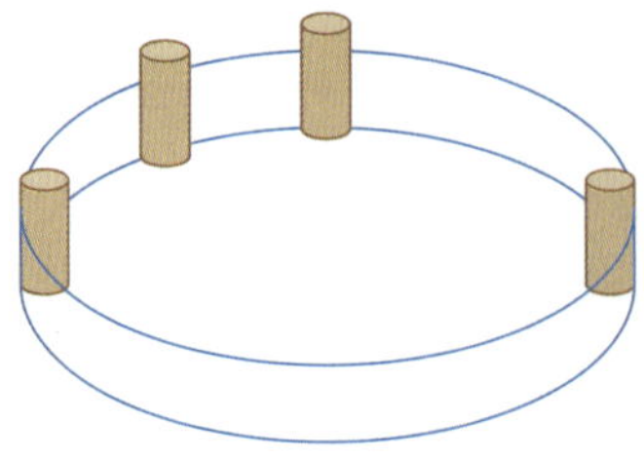

[답]

✿ 이름 :
✿ 날짜 :
✿ 시간 :　　시　　분 ～　　시　　분

확인

◆ **(소수 두 자리 수)÷(소수 두 자리 수) (1)** ◆

1 1.35÷0.27은 얼마인지 알아보려고 합니다. ☐ 안에 알맞은 수를 써넣으시오.

(1) 1.35−0.27−0.27−0.27−0.27−0.27 = ☐

(2) 1.35에서 0.27을 ☐ 번 뺄 수 있으므로 1.35÷0.27 = ☐ 입니다.

☐ 안에 알맞은 수를 써넣으시오. [2~4]

2 $1.62 \div 0.54 = \dfrac{\boxed{}}{100} \div \dfrac{\boxed{}}{100} = \boxed{} \div \boxed{} = \boxed{}$

3 $23.04 \div 0.48 = \dfrac{\boxed{}}{100} \div \dfrac{\boxed{}}{100} = \boxed{} \div \boxed{} = \boxed{}$

4 $178.25 \div 7.13 = \dfrac{\boxed{}}{100} \div \dfrac{\boxed{}}{100} = \boxed{} \div \boxed{} = \boxed{}$

사고력 학습

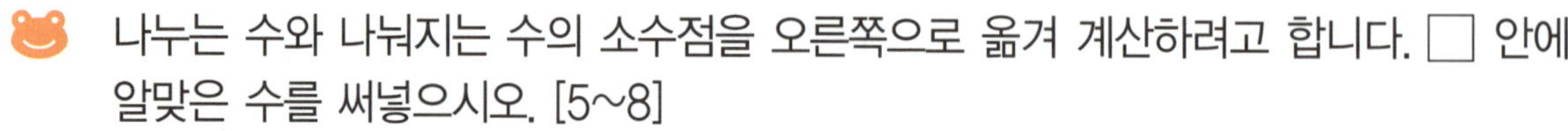
나누는 수와 나눠지는 수의 소수점을 오른쪽으로 옮겨 계산하려고 합니다. □ 안에 알맞은 수를 써넣으시오. [5~8]

5

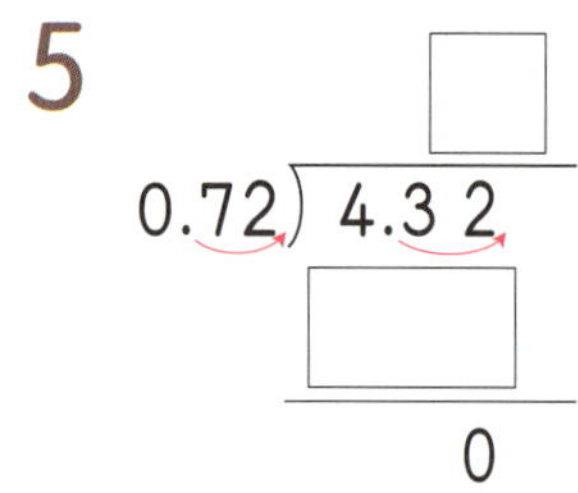

0.72) 4.3 2

0

6

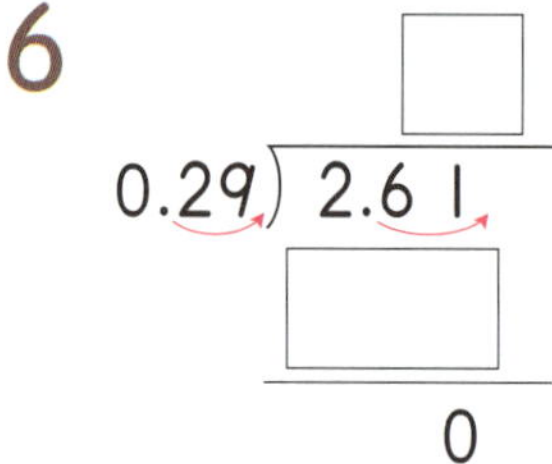

0.29) 2.6 1

0

7

0.46) 1 7.4 8

1 3 8

0

8

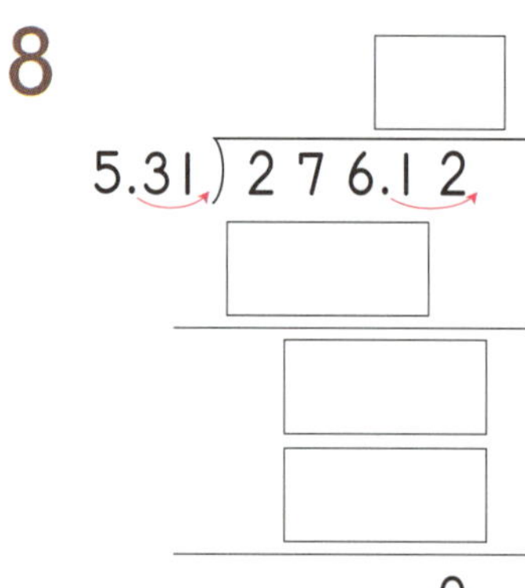

5.31) 2 7 6.1 2

0

소수의 나눗셈을 하시오. [9~12]

9 0.14) 1.2 6

10 0.25) 1 1.7 5

11 32.25 ÷ 2.15

12 559.86 ÷ 9.03

◆ (소수 두 자리 수)÷(소수 두 자리 수) (2) ◆

1 계산 결과가 다른 하나를 찾아 기호를 쓰시오.

> ㉠ 12.18÷0.58　　　㉡ 21.84÷1.04
> ㉢ 86.24÷3.92　　　㉣ 246.96÷11.76

[답] _______________

2 □ 안에 알맞은 수를 써넣으시오.

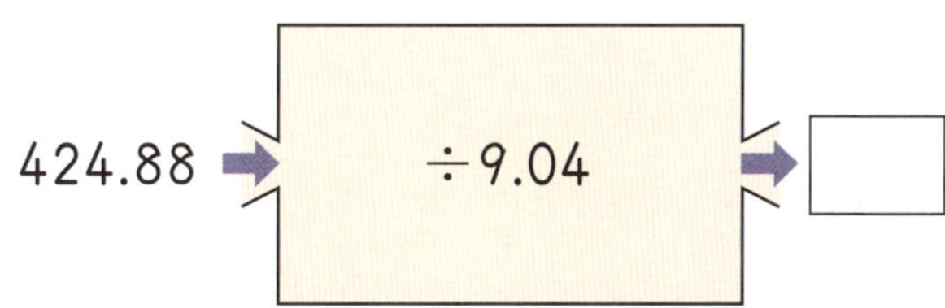

큰 수를 작은 수로 나누어 몫을 빈 곳에 써넣으시오. [3~4]

3

19.11 ｜ 2.73

4

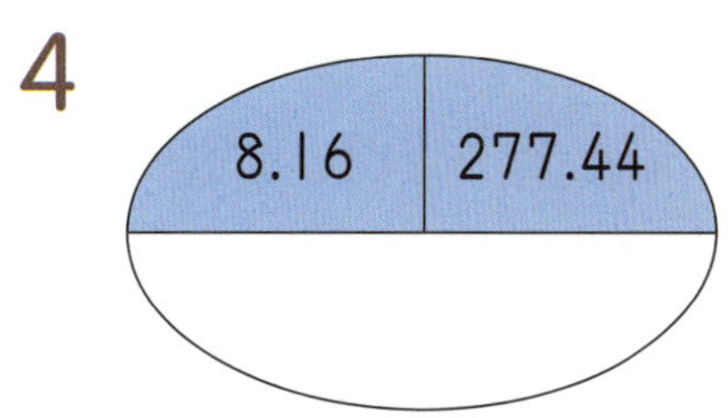

5 계산 결과가 큰 것부터 차례로 기호를 쓰시오.

> ㉠ 17.48÷0.46   ㉡ 32.25÷2.15
> ㉢ 69.36÷5.78   ㉣ 182.41÷6.29

[답]

6 □ 안에 알맞은 수를 써넣으시오.

$$\boxed{} \times 3.84 = 238.08$$

7 굵기가 일정한 나무 막대가 5.85m 있습니다. 이 나무 막대의 무게가 99.45kg일 때, 1m의 무게는 몇 kg입니까?

[답]

8 물 239.44L를 3.28L씩 병에 나누어 담으려고 합니다. 병은 몇 개 필요합니까?

[답]

 사고력 학습

✿이름 :

✿날짜 :

✿시간 :　　시　　분~　　시　　분

확인

◆ 자릿수가 다른 두 소수의 나눗셈 (1) ◆

1 29.24÷3.4는 얼마인지 알아보려고 합니다. ☐ 안에 알맞은 수를 써넣으시오.

(1) 분모가 10인 분수로 고쳐서 계산하시오.

$$29.24 \div 3.4 = \frac{\boxed{}}{10} \div \frac{\boxed{}}{10} = \boxed{} \div \boxed{} = \boxed{}$$

(2) 분모가 100인 분수로 고쳐서 계산하시오.

$$29.24 \div 3.4 = \frac{\boxed{}}{100} \div \frac{\boxed{}}{100} = \boxed{} \div \boxed{} = \boxed{}$$

🐸 ☐ 안에 알맞은 수를 써넣으시오. [2~4]

2 $6.48 \div 0.9 = \boxed{} \div 9 = \boxed{}$

3 $48.98 \div 6.2 = 4898 \div \boxed{} = \boxed{}$

4 $13.936 \div 5.36 = \boxed{} \div 536 = \boxed{}$

사고력 학습 

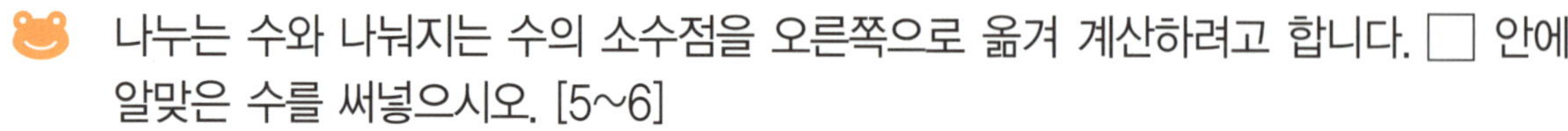

나누는 수와 나눠지는 수의 소수점을 오른쪽으로 옮겨 계산하려고 합니다. □ 안에 알맞은 수를 써넣으시오. [5~6]

5

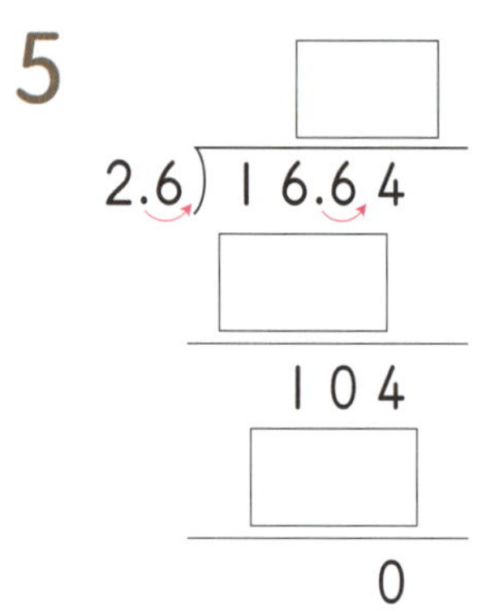

6

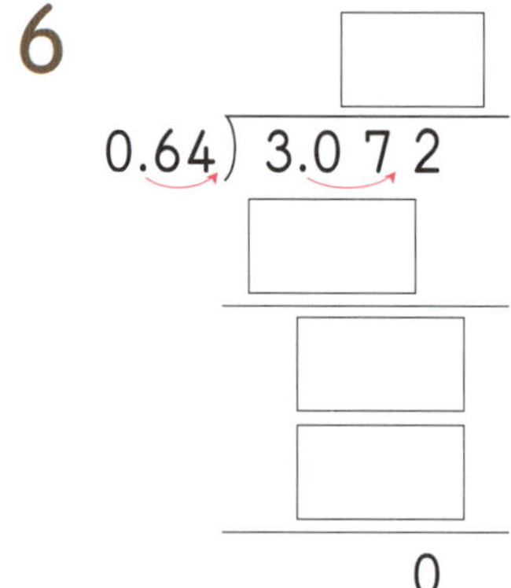

소수의 나눗셈을 하시오. [7~12]

7 $3.8\,\overline{)\,17.86}$

8 $1.43\,\overline{)\,5.434}$

9 $3.57 \div 0.7$

10 $68.62 \div 9.4$

11 $4.368 \div 0.56$

12 $80.325 \div 6.75$

◆ 자릿수가 다른 두 소수의 나눗셈 (2) ◆

1 나눗셈을 하고 사다리를 따라가서 만나는 곳에 몫을 써넣으시오.

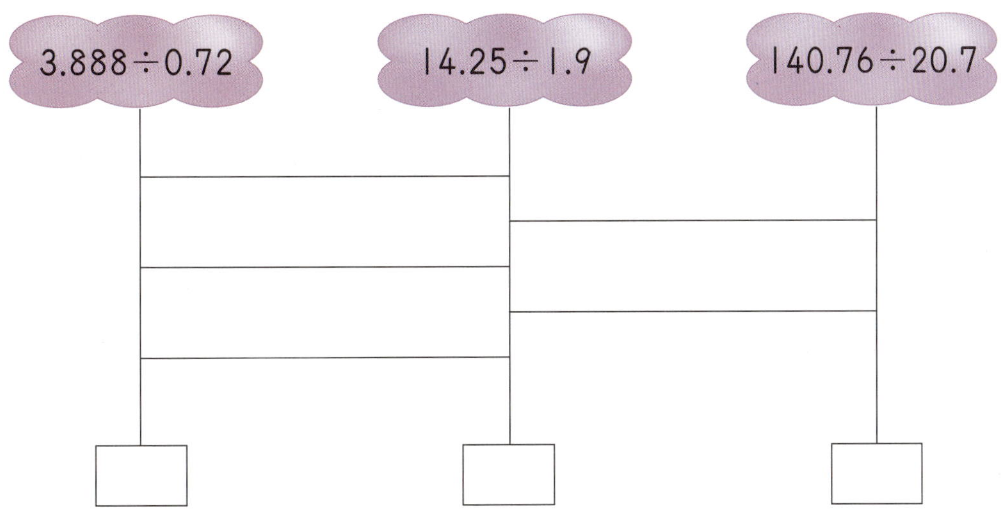

2 다음을 계산하고 계산 결과가 작은 것부터 차례로 ◯ 안에 번호를 써넣으시오.

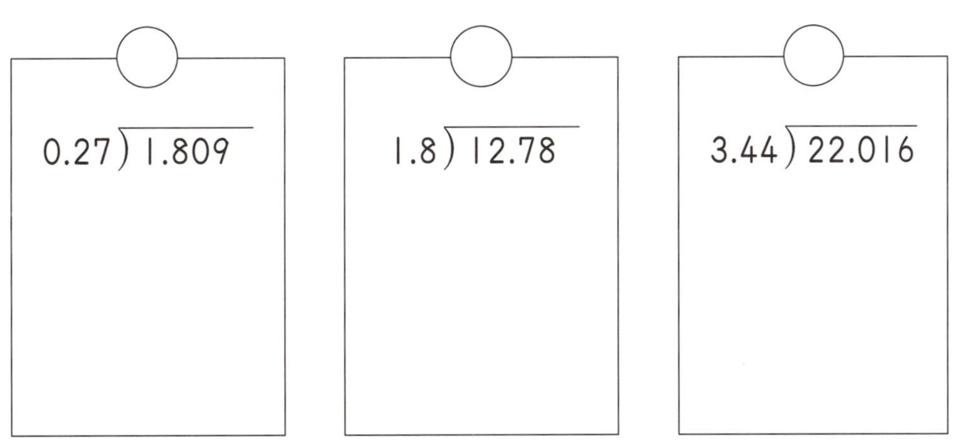

사고력 학습

3 가장 큰 수를 가장 작은 수로 나눈 몫을 구하시오.

| 5.7 | 10.01 | 24.068 | 9.64 | 83.79 |

[답]

4 1분 동안 1.2L의 물이 나오는 수도꼭지가 있습니다. 이 수도꼭지에서 물을 15.12L 받았다면, 물을 받은 시간은 몇 분입니까?

[답]

5 소나무를 심은 땅의 넓이는 $6.624km^2$이고, 잣나무를 심은 땅의 넓이는 $1.44km^2$입니다. 소나무를 심은 땅의 넓이는 잣나무를 심은 땅의 넓이의 몇 배입니까?

[답]

 사고력 학습

◆ (자연수)÷(소수) ⑴ ◆

□ 안에 알맞은 수를 써넣으시오. [1~3]

1 $36 \div 1.5 = \dfrac{360}{10} \div \dfrac{\boxed{}}{10} = 360 \div \boxed{} = \boxed{}$

2 $65 \div 0.26 = \dfrac{\boxed{}}{100} \div \dfrac{26}{100} = \boxed{} \div 26 = \boxed{}$

3 $273 \div 4.2 = \dfrac{\boxed{}}{10} \div \dfrac{\boxed{}}{10} = \boxed{} \div \boxed{} = \boxed{}$

4 □ 안에 알맞은 수를 써넣으시오.

$$3.75\overline{)165} \quad \Rightarrow \quad 3.75\overline{)165.00}$$

$$165 \div 3.75 = \boxed{}$$

J-22b

 소수의 나눗셈을 하시오. [5~12]

5 4.5)̅9̅ ̅9̅

6 11.6)̅5̅ ̅8̅

7 0.25)̅3̅ ̅0̅

8 4.75)̅3̅ ̅0̅ ̅4̅

9 60÷0.8

10 423÷23.5

11 84÷1.05

12 639÷8.52

 사고력 학습

◆ **(자연수)÷(소수) (2)** ◆

□ 안에 알맞은 수를 써넣으시오. [1~2]

1　$48 \div 6 =$ ☐

　　$48 \div 0.6 =$ ☐

　　$48 \div 0.06 =$ ☐

2　$4.48 \div 0.64 =$ ☐

　　$44.8 \div 0.64 =$ ☐

　　$448 \div 0.64 =$ ☐

3 빈칸에 알맞은 수를 써넣으시오.

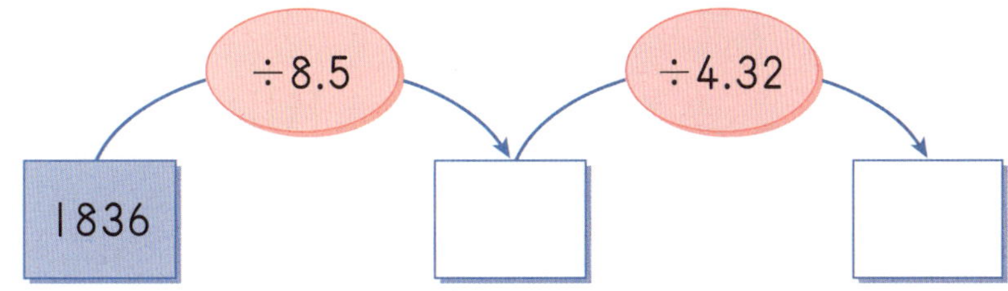

4 나눗셈을 계산하여 ○ 안에 >, =, <를 알맞게 써넣으시오.

$$878 \div 17.56 \bigcirc 2040 \div 40.8$$

5 □ 안에 들어갈 수 있는 자연수는 모두 몇 개입니까?

$$576 \div 38.4 < \square < 131 \div 5.24$$

[답]

6 1시간 15분 동안 90km를 달리는 자동차가 있습니다. 이 자동차가 같은 빠르기로 한 시간 동안 달린 거리는 몇 km입니까?

[답]

7 1.8L들이의 음료수가 5병 있습니다. 이 음료수를 0.45L씩 컵에 나누어 담으려고 합니다. 컵은 몇 개 필요합니까?

[답]

 사고력 학습

◆ **소수의 나눗셈에서 나머지 (1)** ◆

1 4.8÷0.5의 몫과 나머지를 알아보려고 합니다. □ 안에 알맞은 수를 써넣으시오.

(1) $4.8-0.5-0.5-0.5-0.5-0.5-0.5-0.5-0.5-0.5-0.3=$ □

(2) 4.8에서 0.5를 □ 번 덜어 내면 □ 이 남습니다.

$$4.8\div0.5=\boxed{}\cdots\boxed{}$$

2 나눗셈식을 보고 몫과 나머지를 각각 구하시오.

$$1.8\overline{)26.9} \Rightarrow 1.8\overline{)26.9} \Rightarrow 18\overline{)269}$$

```
        1 4
  18 ) 2 6 9
        1 8
        8 9
        7 2
        1 7
```

(몫) __________________ , (나머지) __________________

3 오른쪽 나눗셈식을 보고 검산하려고 합니다. □ 안에 알맞은 수를 써넣으시오.

(검산) $0.34\times$ □ $+$ □ $=$ □

```
            7
  0.34 ) 2.3 9
         2 3 8
         0.0 1
```

 □ 안에 알맞은 수를 넣으시오. [4~5]

4

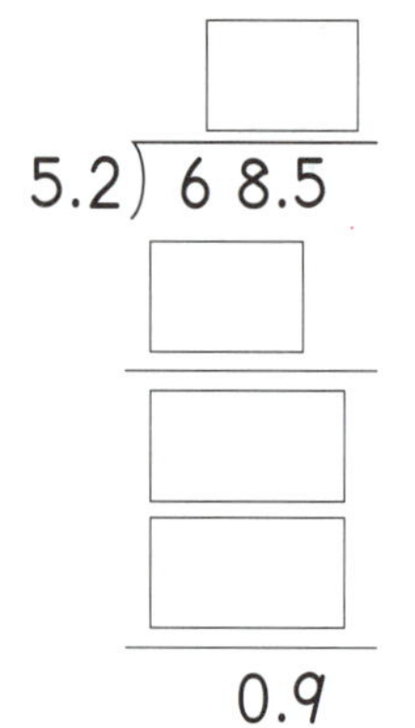

5.2) 6 8.5

0.9

(검산) 5.2 × □ + □

= □

5

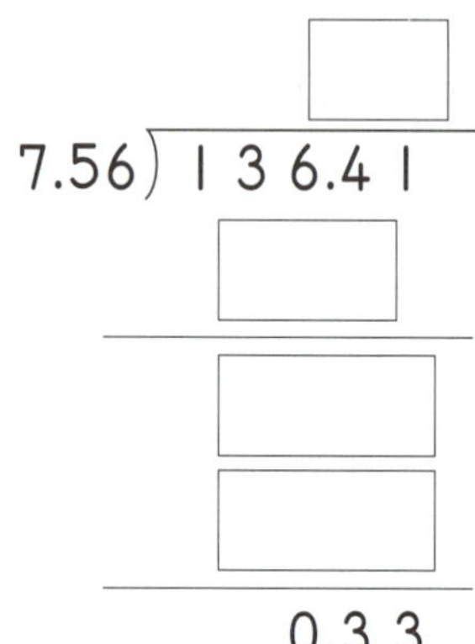

7.56) 1 3 6.4 1

0.3 3

(검산) 7.56 × □ + □

= □

나눗셈의 몫을 자연수 부분까지 구하고 나머지를 알아본 후 검산하시오. [6~9]

6 2.1) 1 8.6

(검산)

7 4.2) 2 4 8.3

(검산)

8 0.65) 7.1 8

(검산)

9 31.09) 8 1 9.3 4

(검산)

◆ **소수의 나눗셈에서 나머지 (2)** ◆

1 다음은 나눗셈을 하여 몫을 자연수 부분까지 구한 것입니다. 잘못된 부분을 찾아 바르게 고치고 몫과 나머지를 각각 구하시오.

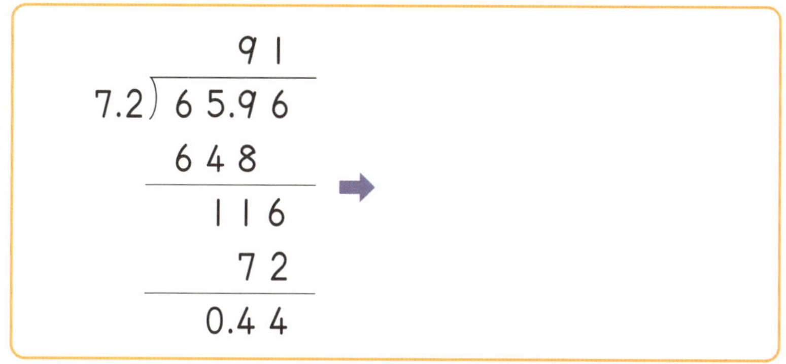

(몫) ________________ , (나머지) ________________

🐸 나눗셈의 몫을 자연수 부분까지 구하고 나머지를 알아보시오. [2~5]

2　$6.8 \div 3 = \boxed{} \cdots \boxed{}$

　　$6.8 \div 0.3 = \boxed{} \cdots \boxed{}$

　　$6.8 \div 0.03 = \boxed{} \cdots \boxed{}$

3　$24.7 \div 11 = \boxed{} \cdots \boxed{}$

　　$24.7 \div 1.1 = \boxed{} \cdots \boxed{}$

　　$24.7 \div 0.11 = \boxed{} \cdots \boxed{}$

4　$358 \div 0.8 = \boxed{} \cdots \boxed{}$

　　$35.8 \div 0.8 = \boxed{} \cdots \boxed{}$

　　$3.58 \div 0.8 = \boxed{} \cdots \boxed{}$

5　$450 \div 0.7 = \boxed{} \cdots \boxed{}$

　　$45 \div 0.7 = \boxed{} \cdots \boxed{}$

　　$4.5 \div 0.7 = \boxed{} \cdots \boxed{}$

6 나눗셈의 몫을 자연수 부분까지 구하여 원 안에 쓰고 나머지는 ☐ 안에 써넣으시오.

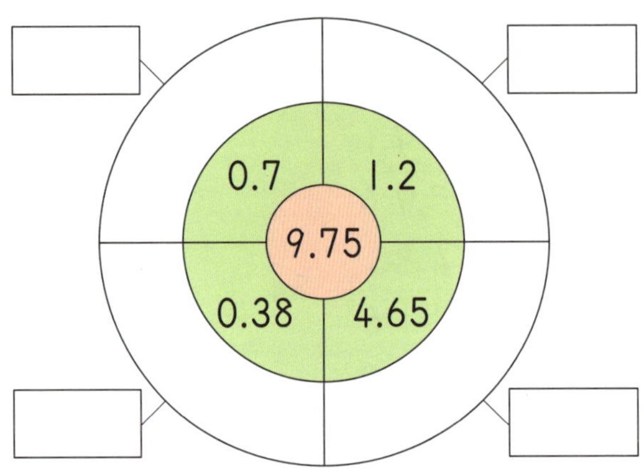

7 나눗셈의 몫을 자연수 부분까지 구했을 때, 나머지가 작은 것부터 차례로 기호를 쓰시오.

> ㉠ 5.78÷0.8   ㉡ 56.2÷9.05   ㉢ 143.42÷14.95

[답] ________________________

8 26.75m의 리본을 잘라서 선물 상자를 묶으려고 합니다. 상자 한 개를 묶는 데 필요한 리본의 길이는 2.25m입니다. 이 리본으로 묶을 수 있는 선물 상자는 몇 개이고, 남은 리본은 몇 m인지 구하시오.

[답] ________________________

 사고력 학습

◆ 반올림한 몫(1) ◆

> 나눗셈의 몫이 나누어떨어지지 않거나 몫이 너무 복잡해질 때에는 몫을 반올림하여 나타낼 수 있습니다.

1 오른쪽 나눗셈식을 보고 □ 안에 알맞은 수나 말을 써넣으시오.

(1) $4.5 \div 0.7$의 몫을 반올림하여 소수 첫째 자리까지 나타내려면 소수 ☐ 자리에서 반올림해야 하므로 몫은 ☐ 입니다.

(2) $4.5 \div 0.7$의 몫을 반올림하여 소수 둘째 자리까지 나타내려면 소수 ☐ 자리에서 반올림해야 하므로 몫은 ☐ 입니다.

```
             6.4 2 8
      0.7 ) 4.5 0 0 0
            4 2
              3 0
              2 8
                2 0
                1 4
                  6 0
                  5 6
                    4
```

2 나눗셈식을 보고 물음에 답하시오.

$$41.99 \div 2.3 = 18.256 \cdots\cdots$$

(1) 나눗셈의 몫을 소수 둘째 자리에서 반올림하여 구하시오.

[답]

(2) 나눗셈의 몫을 반올림하여 소수 둘째 자리까지 나타내시오.

[답]

 몫을 반올림하여 소수 첫째 자리까지 나타내시오. [3~6]

3 $0.7\overline{)3.1}$

4 $1.8\overline{)9.6\,4}$

5 $3 \div 2.2$

6 $47.2 \div 4.4$

 몫을 반올림하여 소수 둘째 자리까지 나타내시오. [7~10]

7 $0.8\overline{)6.3\,1}$

8 $2.4\overline{)2\,7.8}$

9 $14.16 \div 2.3$

10 $111.6 \div 3.8$

 사고력 학습

◆ 반올림한 몫(2) ◆

1 12.39÷1.7의 몫을 반올림하여 소수 첫째 자리까지 바르게 나타낸 깃발에 ○표 하시오.

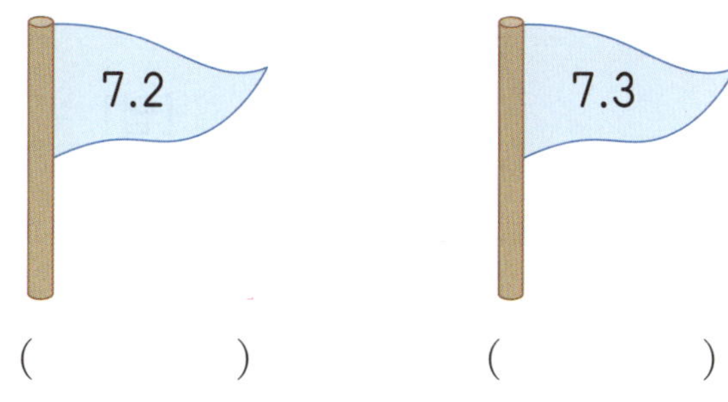

(   )   (   )

2 몫을 반올림하여 소수 둘째 자리까지 나타냈을 때, 몫이 다른 것을 찾아 기호를 쓰시오.

> ㉠ 45.92÷6.8   ㉡ 119÷17.64
>
> ㉢ 15.86÷2.34   ㉣ 80.4÷11.91

[답]

3 가장 큰 수를 가장 작은 수로 나눈 몫을 소수 둘째 자리에서 반올림하여 구하시오.

> 71.238   102.35   95.6   14.7

[답]

4 다음 나눗셈의 몫을 구할 때, 몫의 소수 이십째 자리에 해당하는 숫자를 구하시오.

$$37.21 \div 4.4$$

[답]

5 훈철이의 몸무게는 42.25kg이고, 동생의 몸무게는 28.45kg입니다. 훈철이의 몸무게는 동생의 몸무게의 약 몇 배인지 반올림하여 소수 둘째 자리까지 나타내시오.

[답]

6 휘발유 19.3L로 239.241km를 가는 자동차가 있습니다. 이 자동차가 같은 빠르기로 달릴 때, 휘발유 1L로 갈 수 있는 거리는 약 몇 km인지 반올림하여 소수 첫째 자리까지 나타내시오.

[답]

 사고력 학습

J-28a

 창의력 학습

도화지에 연주는 사다리꼴을, 민호는 직사각형을 그렸습니다. 누가 그린 도형의 넓이가 약 몇 배 넓은지 반올림하여 소수 첫째 자리까지 나타내시오.

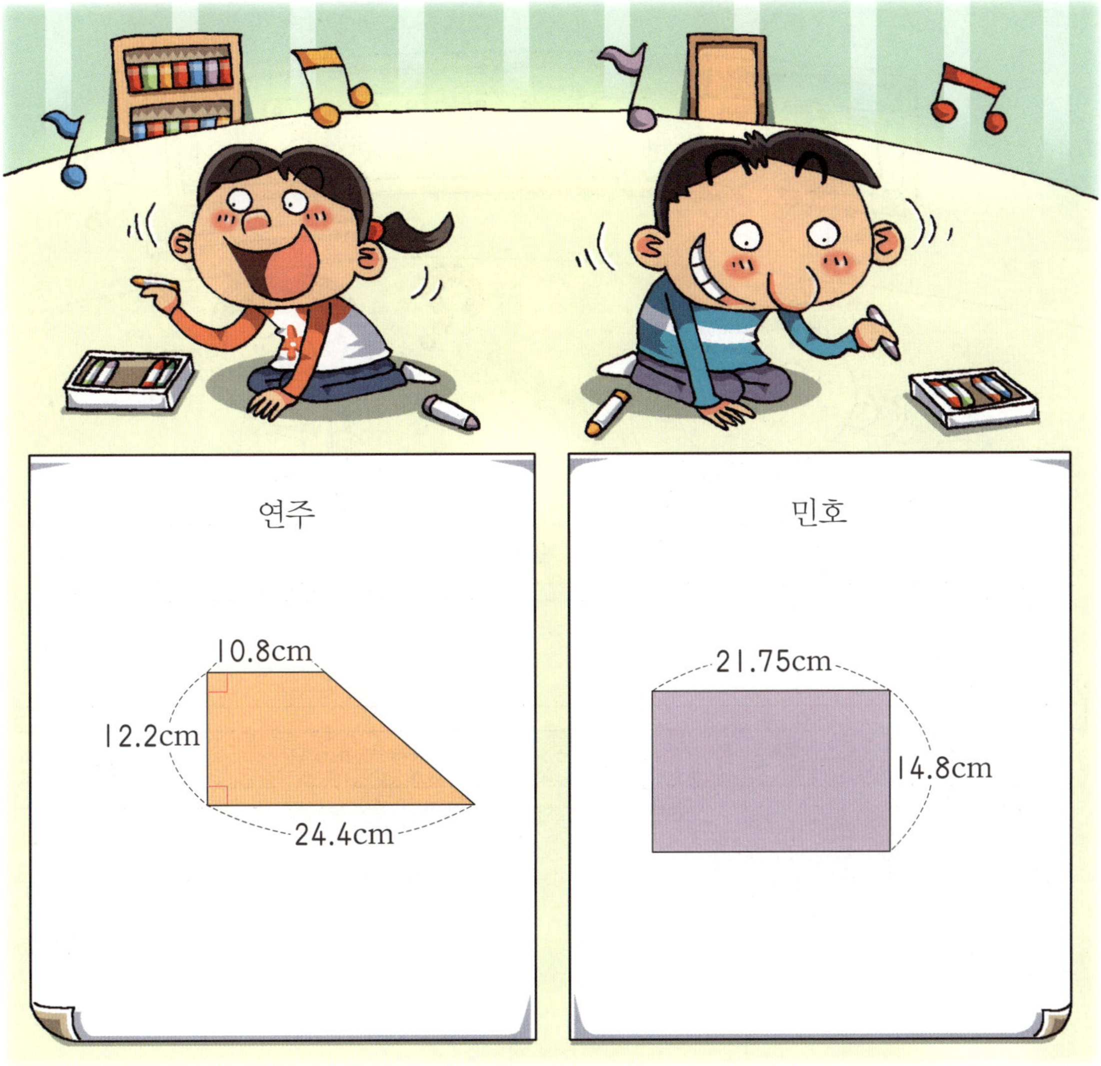

(　　　　　)가 그린 도형의 넓이가 약 (　　　　　)배 넓습니다.

길이가 18cm인 색 테이프를 1.4cm씩 겹치게 이어 붙였더니 이은 색 테이프의 전체 길이가 267cm이었습니다. 이어 붙인 색 테이프는 모두 몇 장입니까?

[답]

창의력 학습

✿ 이름 :
✿ 날짜 :
✿ 시간 : 시 분 ~ 시 분

확인

➕ 경시대회 예상문제

1 숫자 카드 1, 2, 3, 4, 8, 9 를 한 번씩만 사용하여 몫이 가장 큰 (소수 두 자리 수)÷(소수 두 자리 수)를 만들려고 합니다. ☐ 안에 알맞은 수를 써넣고, 몫을 구하시오.

$$\boxed{}.\boxed{}\boxed{} \div \boxed{}.\boxed{}\boxed{}$$

[답]

2 길이가 18.5cm인 양초가 있습니다. 이 양초에 불을 붙이면 1분에 0.35cm씩 타 내려 간다고 합니다. 경진이가 오후 9시에 불을 붙이고 얼마 후에 양초의 길이를 재어 보았더니 2.75cm이었습니다. 경진이가 양초의 길이를 잰 시각은 오후 몇 시 몇 분인지 풀이 과정을 쓰고 답을 구하시오.

[답]

3 125.84cm의 철사로 한 변이 8.15cm인 정사각형을 만들려고 합니다. 만들 수 있는 정사각형은 몇 개이고, 남은 철사는 몇 cm인지 구하시오.

[답]

4 다음 평행사변형의 넓이와 삼각형의 넓이는 같습니다. 이때 삼각형의 밑변은 몇 cm입니까?

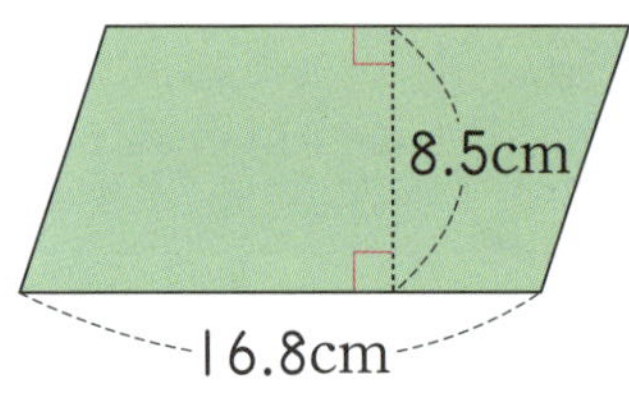

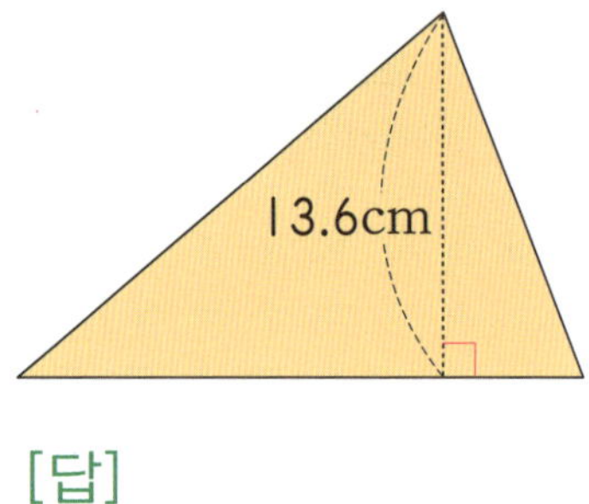

[답]

5 나눗셈식을 쓴 종이의 일부분이 얼룩졌습니다. 얼룩져서 보이지 않는 수를 구하시오.

$$94.14 \div \text{⬤} = 13 \cdots 0.54$$

[답]

6 가◉나를 다음과 같이 약속할 때, 7.35◉17.48은 얼마인지 구하시오.

$$가 ◉ 나 = (가 \div 2.1) + (나 \div 34.96)$$

[답]

7 어떤 자동차가 1시간 45분 동안 158km를 달렸다고 합니다. 이 자동차가 같은 빠르기로 달릴 때, 한 시간 동안 달린 거리는 약 몇 km인지 반올림하여 소수 첫째 자리까지 나타내시오.

[답]

8 어떤 수를 5.4로 나누어야 하는데 잘못하여 4.5로 나누었더니 몫은 12.8이고 나머지는 0.12였습니다. 바르게 계산하면 몫은 얼마인지 반올림하여 소수 둘째 자리까지 나타내시오.

[답]

9 길이가 878m인 도로 양쪽에 2.4m마다 가로수를 심으려고 합니다. 도로의 처음부터 나무를 심기 시작했다면 도로 양쪽에 심을 수 있는 가로수는 몇 그루입니까?

[답]

10 현주네 학교 6학년 전체 학생의 0.6은 음악을 좋아하고, 그중 0.4는 피아노를 칠 수 있습니다. 음악을 좋아하며 피아노를 칠 수 있는 학생이 48명이면 현주네 학교 6학년 학생은 모두 몇 명입니까?

[답] ____________________

11 둘레가 143.4cm인 직사각형의 가로가 세로보다 5cm 길다고 합니다. 이 직사각형의 가로는 세로의 약 몇 배인지 반올림하여 소수 첫째 자리까지 나타내시오.

[답] ____________________

12 똑같은 사과 28개를 담은 상자의 무게를 달아 보니 25.8kg이었습니다. 사과 15개가 팔린 후 남은 사과와 상자의 무게를 달아 보니 12.64kg이었습니다. 사과 한 개의 무게는 약 몇 kg인지 소수 둘째 자리까지 나타내려고 합니다. 풀이 과정을 쓰고 답을 구하시오.

____

____

[답] ____________________

학습 관리표

학습 내용		이번 주는?
각기둥과 각뿔	· 입체도형과 각기둥 · 각기둥 · 각뿔 · 각기둥의 전개도 · 각뿔의 전개도 · 창의력 학습 · 경시대회 예상문제	• 학습 방법 : ① 매일매일　② 가끔　③ 한꺼번에 　하였습니다. • 학습 태도 : ① 스스로 잘　② 시켜서 억지로 　하였습니다. • 학습 흥미 : ① 재미있게　② 싫증내며 　하였습니다. • 교재 내용 : ① 적합하다고　② 어렵다고　③ 쉽다고 　하였습니다.
지도 교사가 부모님께		**부모님이 지도 교사께**
평가	Ⓐ 아주 잘함　　Ⓑ 잘함　　Ⓒ 보통　　Ⓓ 부족함	

원(교)　　　　반　이름　　　　　　전화

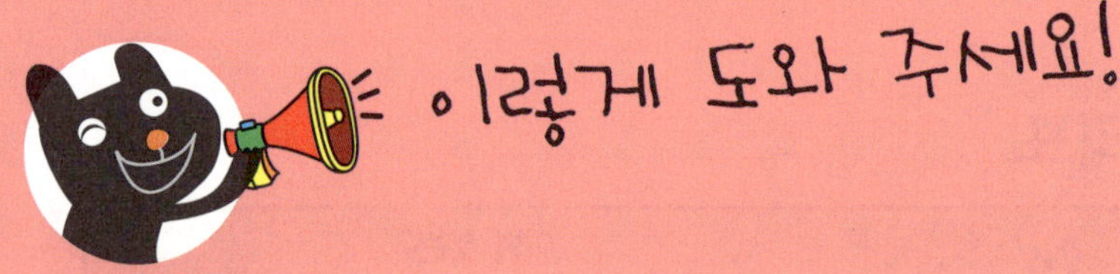

● 학습 목표
– 입체도형을 이해할 수 있습니다.
– 각기둥과 각뿔을 이해할 수 있습니다.
– 각기둥과 각뿔의 여러 가지 구성 요소와 성질을 이해할 수 있습니다.
– 각기둥과 각뿔의 전개도를 이해하고, 여러 가지 방법으로 그릴 수 있습니다.

● 지도 내용
– 여러 가지 도형에서 입체도형을 찾아보고 이해합니다.
– 여러 가지 입체도형에서 각기둥을 찾아보고 이해합니다.
– 각기둥의 여러 가지 구성 요소를 이해합니다.
– 각뿔의 여러 가지 구성 요소를 이해합니다.
– 각기둥의 전개도를 이해하고 여러 가지 방법으로 그려 봅니다.
– 각뿔의 전개도를 이해하고 여러 가지 방법으로 그려 봅니다.

● 지도 요점
여러 가지 기준에 따라 평면도형과 입체도형의 특징을 이해하게 합니다. 입체도형 가운데 기둥 모양의 입체도형을 찾아 각기둥의 개념을 이해하고, 옆면이 모두 삼각형인 입체도형을 찾아 각뿔을 알 수 있게 합니다. 또한 각기둥과 각뿔의 구성 요소를 알고 서로 비교할 수 있게 합니다. 각기둥과 각뿔의 모양을 잘라 펼쳐 보는 활동을 통하여 각기둥과 각뿔의 전개도를 이해하고, 다양한 모양으로 그릴 수 있게 합니다.

이름 :

날짜 :

시간 : 시 분 ~ 시 분

확인

◆ 입체도형과 각기둥 (1) ◆

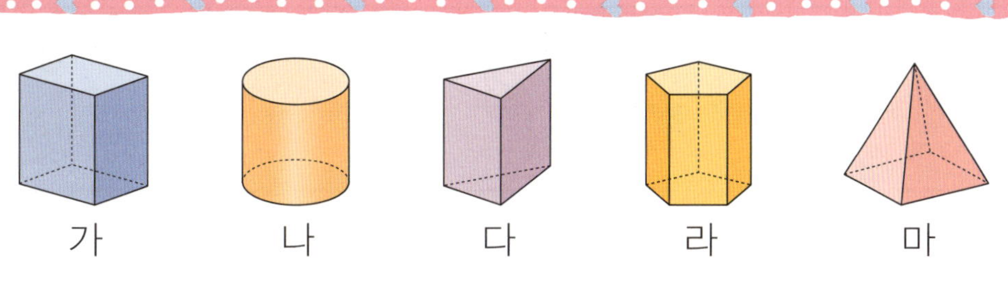

- 위의 그림 가, 나, 다, 라, 마와 같은 도형을 입체도형이라고 합니다.
- 입체도형 가, 다, 라와 같이 위아래의 면이 서로 평행하고 합동인 다각형으로 이루어진 기둥 모양의 입체도형을 각기둥이라고 합니다.

1 평면도형의 모양이 아닌 것에 모두 ○표 하시오.

(   ) (   ) (   ) (   )

2 다음과 같이 평면도형이 아닌 도형을 무엇이라고 합니까?

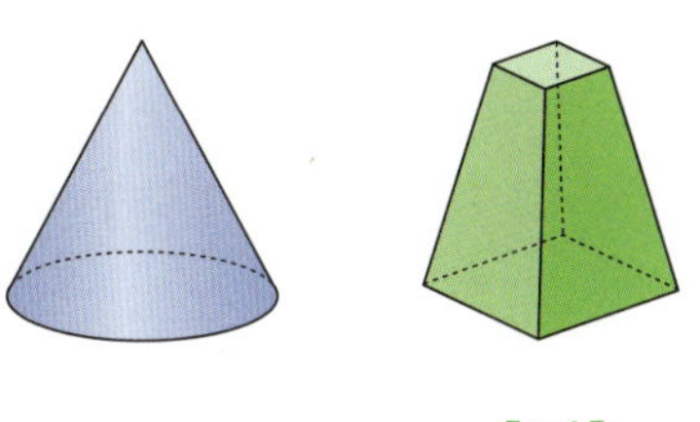

[답]

3 입체도형을 모두 찾아 기호를 쓰시오.

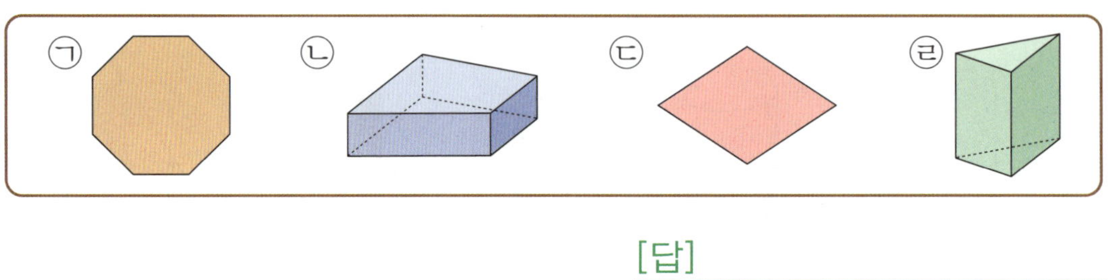

[답] _______________

입체도형을 보고 물음에 답하시오. [4~6]

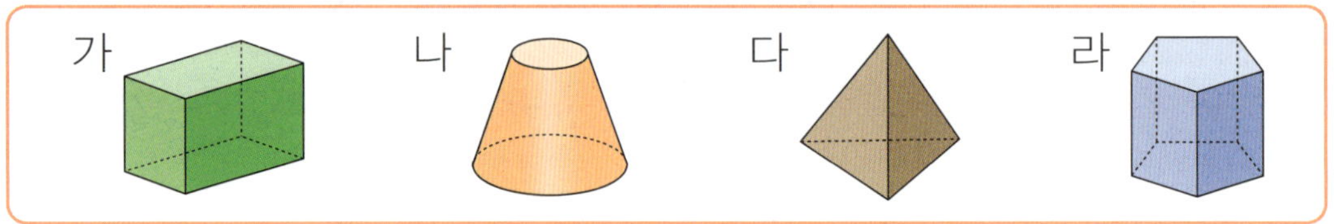

4 위아래의 면이 서로 평행한 입체도형을 모두 찾아 쓰시오.

[답] _______________

5 위아래의 면이 서로 합동인 다각형으로 이루어진 입체도형을 모두 찾아 쓰시오.

[답] _______________

6 위아래의 면이 서로 평행하고 합동인 다각형으로 이루어진 도형을 모두 찾아 쓰시오.

[답] _______________

 사고력 학습

◆ **입체도형과 각기둥(2)** ◆

그림을 보고 물음에 답하시오. [1~2]

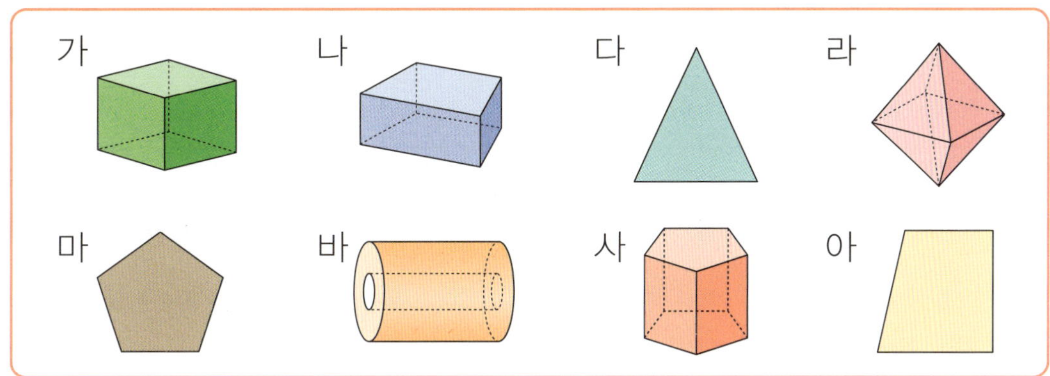

1 입체도형을 모두 찾아 쓰시오.

[답]

2 각기둥을 모두 찾아 쓰시오.

[답]

3 입체도형은 모두 몇 개입니까?

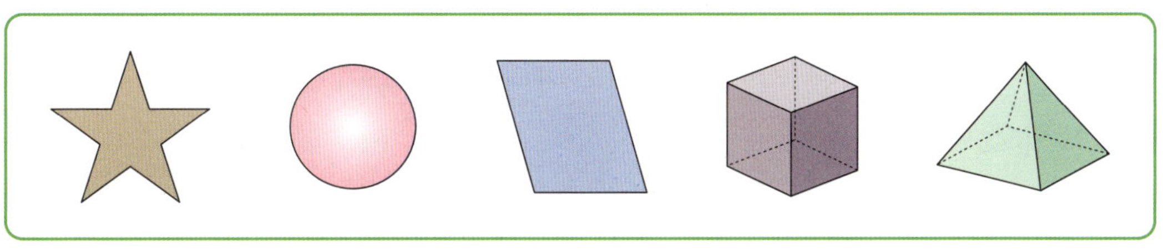

[답]

사고력 학습

4 각기둥은 모두 몇 개입니까?

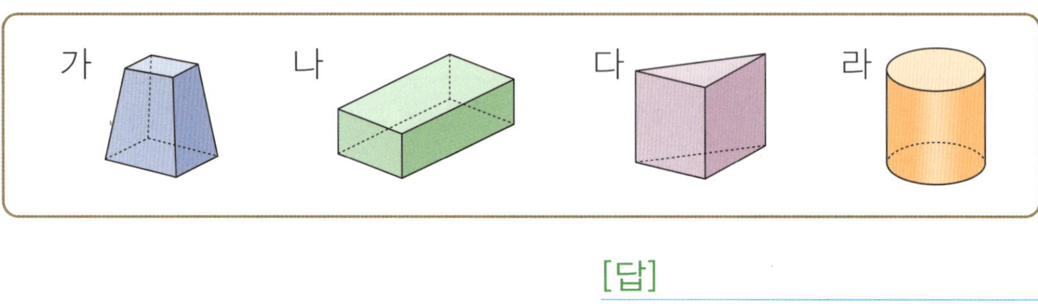

[답] __________________________

5 각기둥의 옆면은 어떤 모양인지 찾아 기호를 쓰시오.

ㄱ 삼각형　　ㄴ 직사각형　　ㄷ 마름모　　ㄹ 평행사변형

[답] __________________________

6 오른쪽 입체도형은 각기둥이 아닙니다. 각기둥이 아닌 이유를 쓰시오.

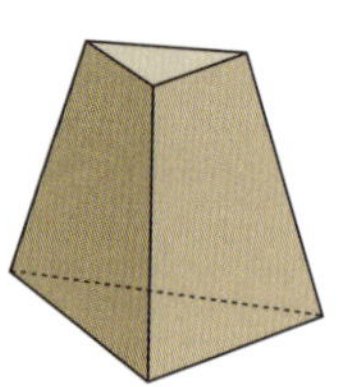

[답] __________________________

____

사고력 학습

◆ 각기둥(1) ◆

- 각기둥에서 면 ㄱㄴㄷㄹ과 면 ㅁㅂㅅㅇ과 같이 서로 평행한 두 면을 밑면이라고 합니다.
- 각기둥에서 밑면에 수직인 면을 옆면이라고 합니다.
- 각기둥은 밑면의 모양에 따라 삼각기둥, 사각기둥, 오각기둥, ……이라고 합니다.
- 각기둥에서 면과 면이 만나는 선을 모서리라 하고, 모서리와 모서리가 만나는 점을 꼭짓점이라고 하며, 두 밑면 사이의 거리를 높이라고 합니다.

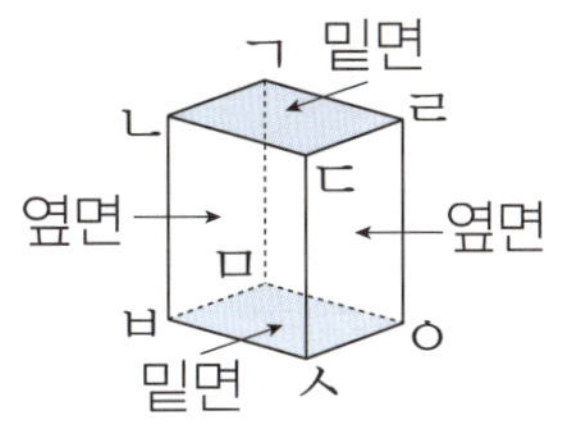

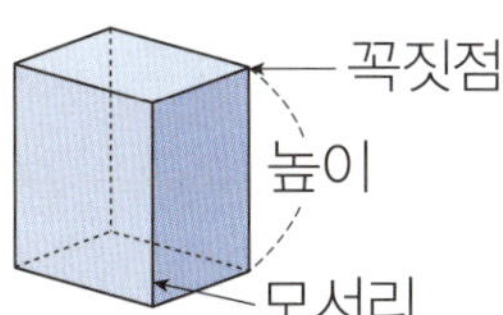

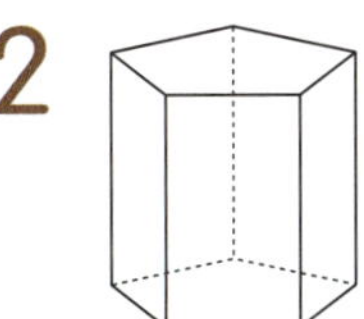 각기둥에서 서로 평행한 두 면을 찾아 색칠하시오. [1~2]

1

2

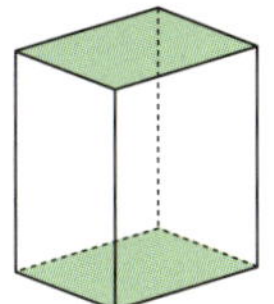 각기둥에서 색칠한 면이 밑면일 때, 밑면에 수직인 면을 찾아 빗금을 그어 보시오. [3~4]

3

4

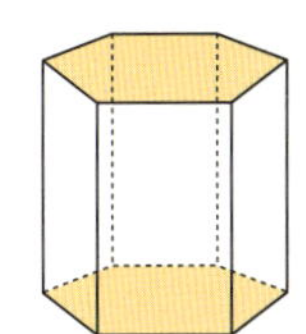

각기둥에서 밑면의 모양은 어떤 도형인지 쓰시오. [5~6]

5

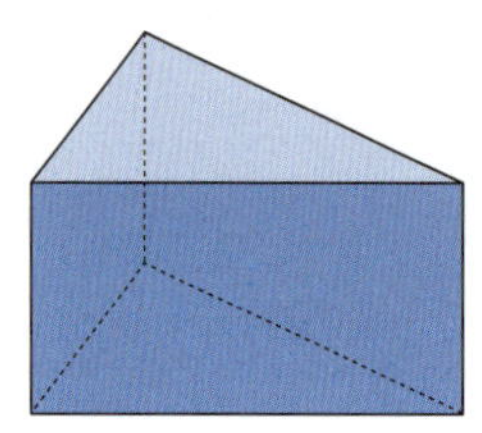

[답] ________________

6

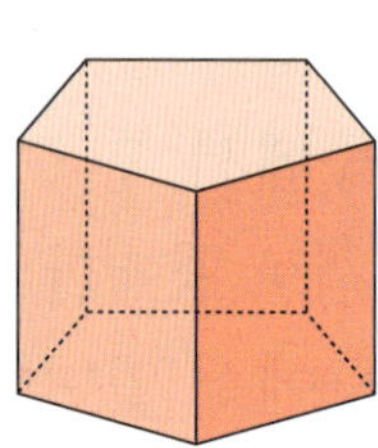

[답] ________________

7 ☐ 안에 알맞은 말을 써넣으시오.

각기둥은 밑면의 모양에 따라 삼각형이면 ☐, 밑면이 사각형

이면 ☐, 밑면이 오각형이면 ☐ 이라고 합니다.

8 각기둥을 보고 물음에 답하시오.

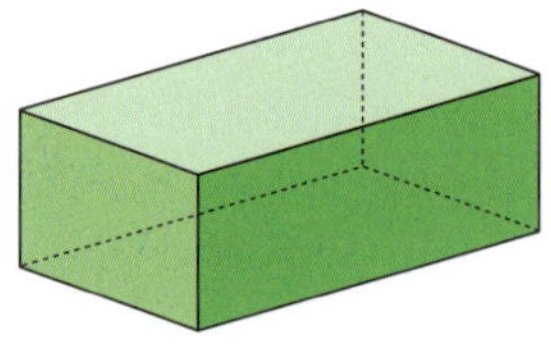

(1) 면과 면이 만나는 선은 모두 몇 개입니까?

[답] ________________

(2) 모서리와 모서리가 만나는 점은 모두 몇 개입니까?

[답] ________________

사고력 학습

◆ 각기둥(2) ◆

1 오른쪽 각기둥을 보고 물음에 답하시오.

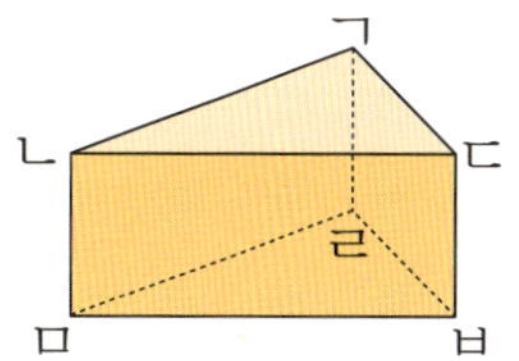

(1) 밑면을 모두 찾아 쓰시오.

[답]

(2) 옆면을 모두 찾아 쓰시오.

[답]

각기둥의 옆면은 모두 몇 개인지 구하시오. [2~5]

2
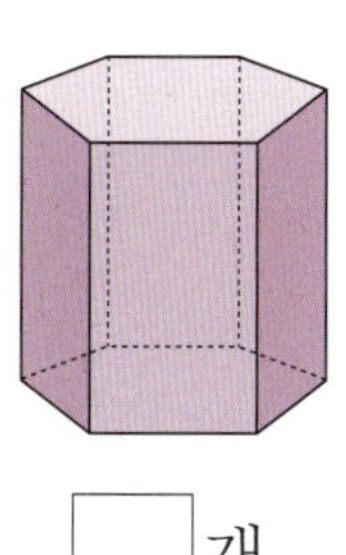
☐ 개

3
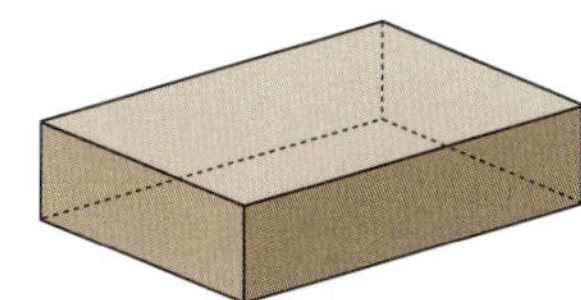
☐ 개

4
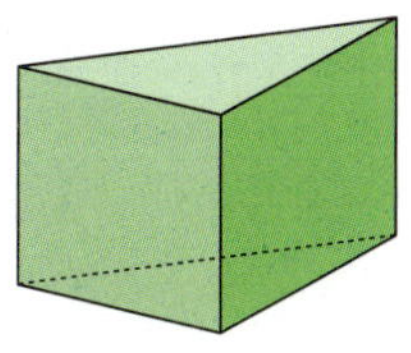
☐ 개

5
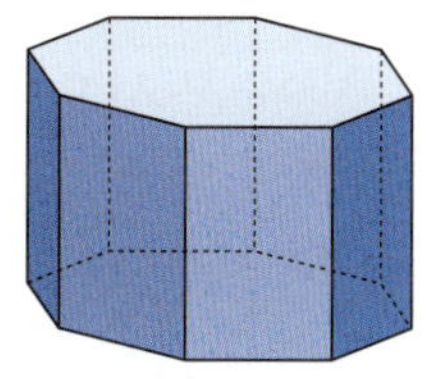
☐ 개

🐸 각기둥의 이름을 쓰시오. [6~9]

6

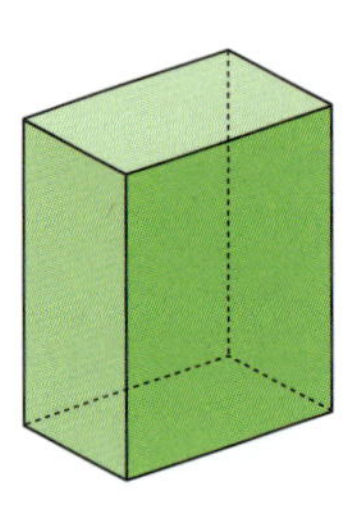

[답] __________________________

7

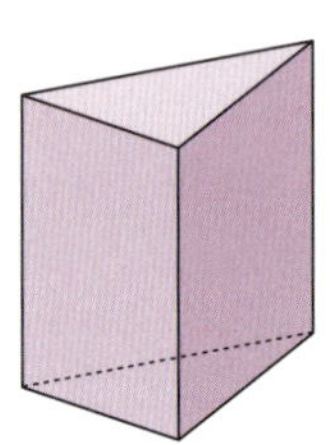

[답] __________________________

8

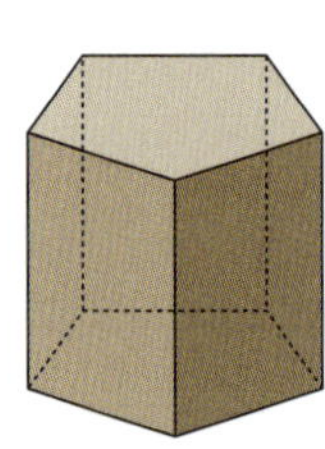

[답] __________________________

9

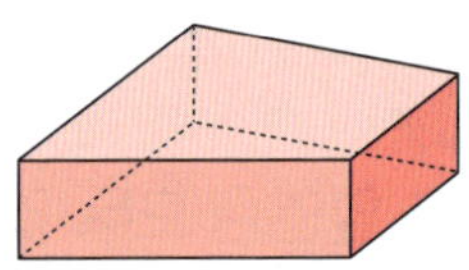

[답] __________________________

10 오른쪽 각기둥을 보고 물음에 답하시오.

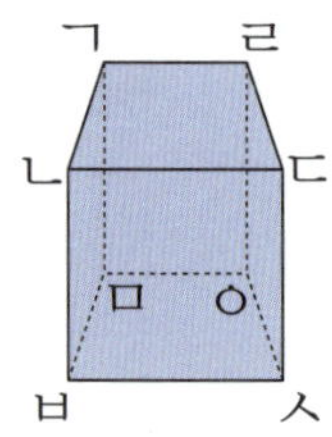

(1) 모서리를 모두 찾아 쓰시오.

　　[답] __________________________

____

(2) 꼭짓점을 모두 찾아 쓰시오.

　　[답] __________________________

(3) 높이를 잴 수 있는 선분을 모두 찾아 쓰시오.

　　[답] __________________________

◆ 각기둥(3) ◆

1 오른쪽 각기둥을 보고 물음에 답하시오.

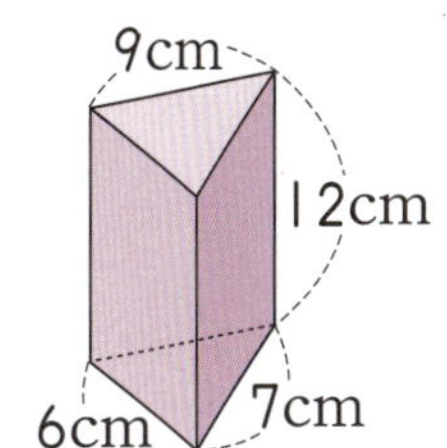

(1) 각기둥의 높이는 몇 cm입니까?

[답]

(2) 각기둥의 한 밑면의 둘레는 몇 cm입니까?

[답]

2 빈칸에 알맞은 수를 써넣으시오.

도형	한 밑면의 변의 수(개)	꼭짓점의 수(개)	면의 수(개)	모서리의 수(개)
사각기둥				
육각기둥				
구각기둥				

3 밑면의 모양이 오른쪽과 같은 각기둥이 있습니다. 물음에 답하시오.

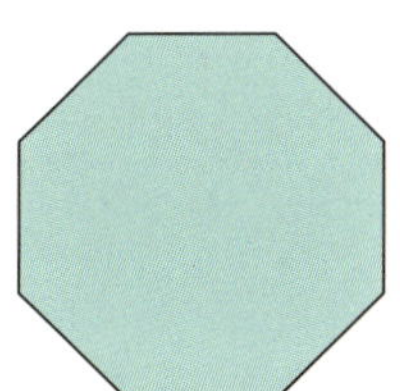

(1) 각기둥의 이름을 쓰시오.

[답]

(2) 각기둥의 면은 모두 몇 개입니까?

[답]

4 개수가 많은 것부터 차례로 기호를 쓰시오.

> ㉠ 칠각기둥의 면의 수
> ㉡ 오각기둥의 모서리의 수
> ㉢ 팔각기둥의 꼭짓점의 수

[답]

5 영훈이는 꼭짓점이 **24**개인 각기둥 모양을 만들려고 합니다. 영훈이가 만들려고 하는 각기둥의 이름을 쓰시오.

[답]

6 다음 조건을 모두 만족하는 입체도형의 이름을 쓰시오.

> • 밑면의 모양은 다각형입니다.
> • 옆면의 모양은 직사각형입니다.
> • 모서리는 모두 **30**개입니다.

[답]

7 면이 **17**개인 각기둥의 꼭짓점의 수와 모서리의 수의 차는 몇 개입니까?

[답]

 사고력 학습

◆ 각뿔(1) ◆

- 다음 입체도형과 같이 밑면이 다각형이고 옆면이 모두 삼각형인 입체도형을 **각뿔**이라고 합니다.

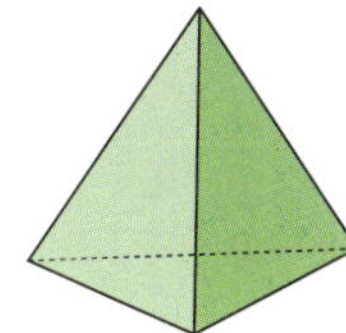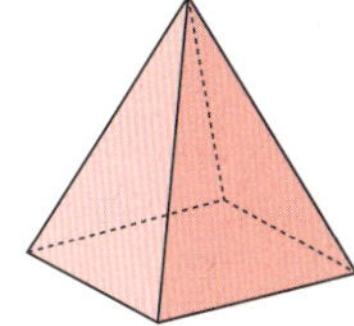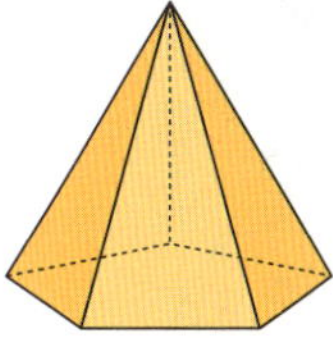

- 각뿔에서 면 ㄴㄷㄹㅁ과 같은 면을 **밑면**이라 하고, 옆으로 둘러싸인 면을 **옆면**이라고 합니다.

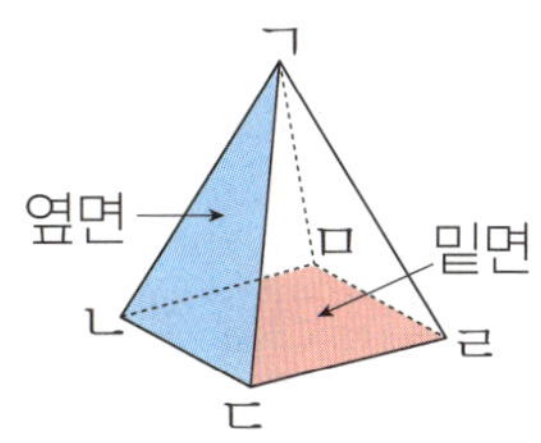

- 각뿔은 밑면의 모양에 따라 **삼각뿔**, **사각뿔**, **오각뿔**, ……이라고 합니다.

- 각뿔에서 면과 면이 만나는 선을 **모서리**라 하고, 모서리와 모서리가 만나는 점을 **꼭짓점**이라고 합니다.

  옆면을 이루는 모든 삼각형이 공통으로 만나는 꼭짓점을 **각뿔의 꼭짓점**이라고 합니다. 각뿔의 꼭짓점에서 밑면에 수직인 선분의 길이를 **높이**라고 합니다.

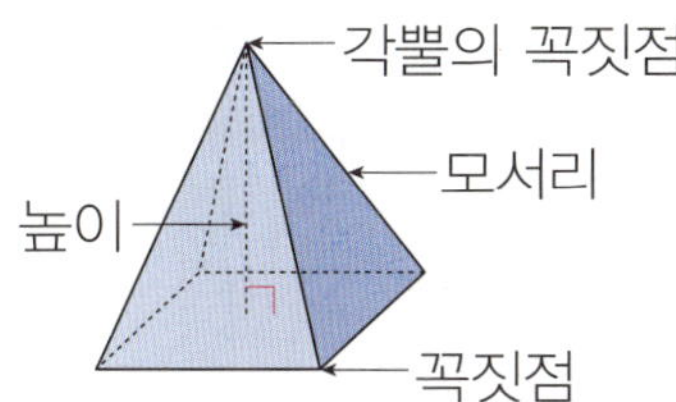

1 각뿔을 모두 찾아 쓰시오.

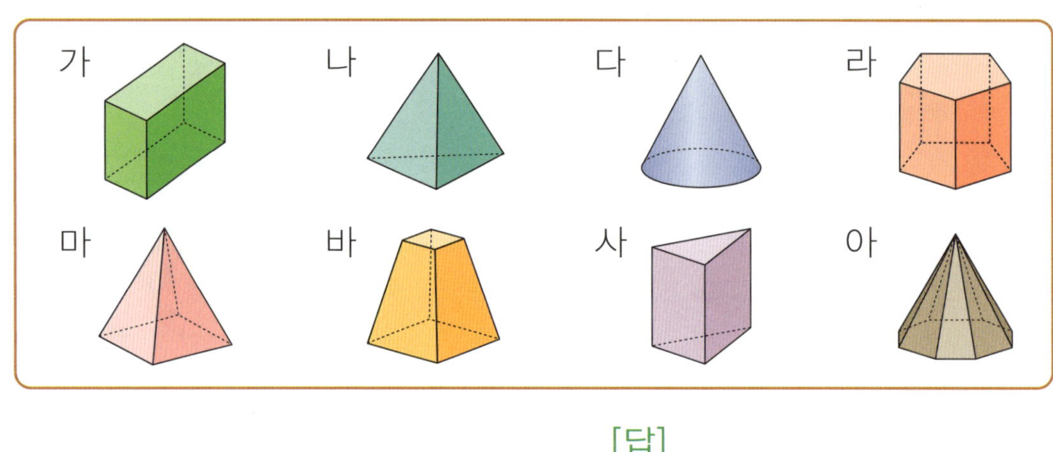

[답]

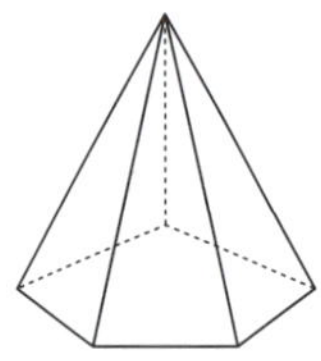 각뿔의 밑면을 색칠하고, 밑면의 모양은 어떤 도형인지 쓰시오. [2~3]

2

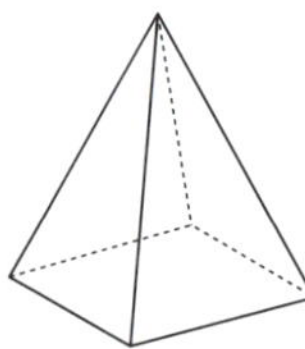

[답]

3

[답]

4 각뿔의 높이를 바르게 잰 것에 ◯표 하시오.

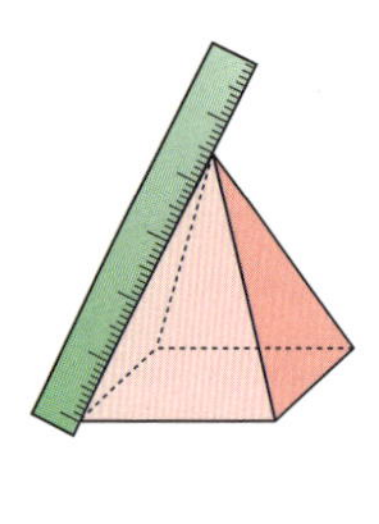

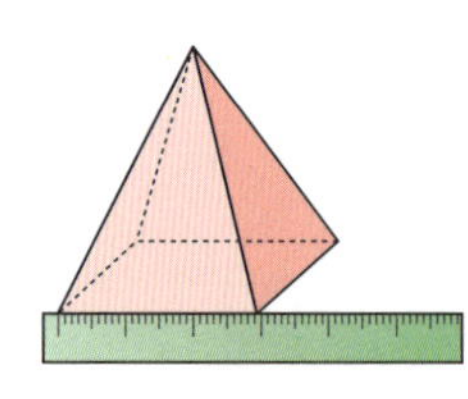

(   )   (   )   (   )

✿ 이름 :
✿ 날짜 :
✿ 시간 :　시　분 ~　시　분

◆ **각뿔(2)** ◆

🐸 각뿔의 옆면은 모두 몇 개인지 구하시오. [1~2]

1
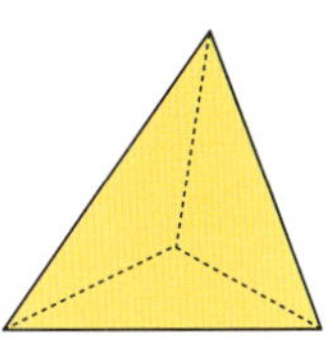
☐ 개

2
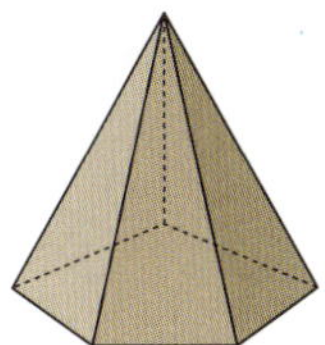
☐ 개

🐸 각뿔의 이름을 쓰시오. [3~6]

3
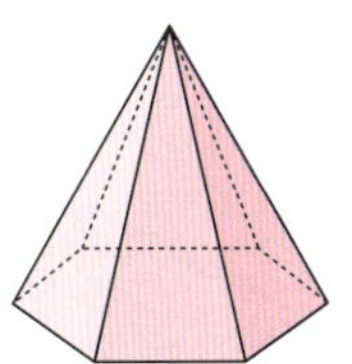
[답]

4
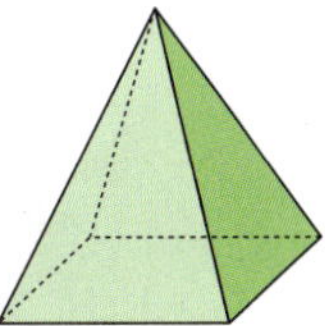
[답]

5
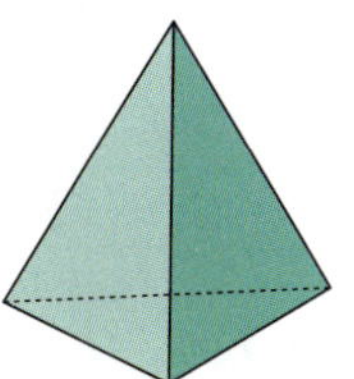
[답]

6
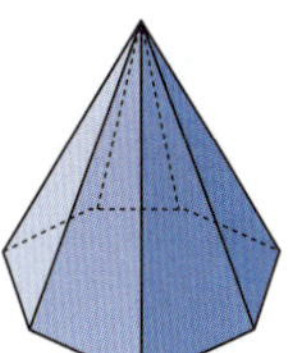
[답]

사고력 학습

7 오른쪽 각뿔을 보고 물음에 답하시오.

(1) 모서리를 모두 찾아 쓰시오.

[답]

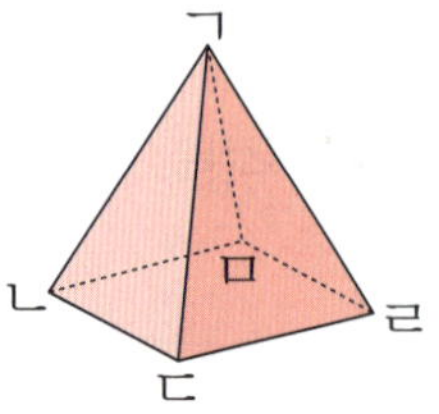

(2) 꼭짓점을 모두 찾아 쓰시오.

[답]

(3) 각뿔의 꼭짓점을 찾아 쓰시오.

[답]

 각뿔의 높이를 구하시오. [8~11]

8

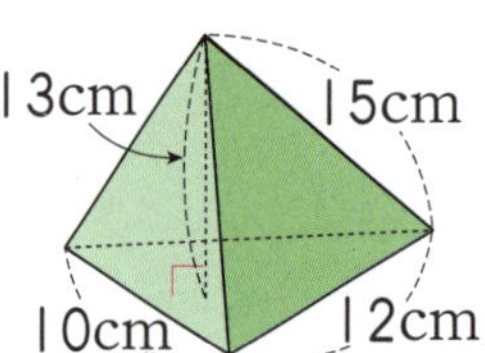

[답]

9

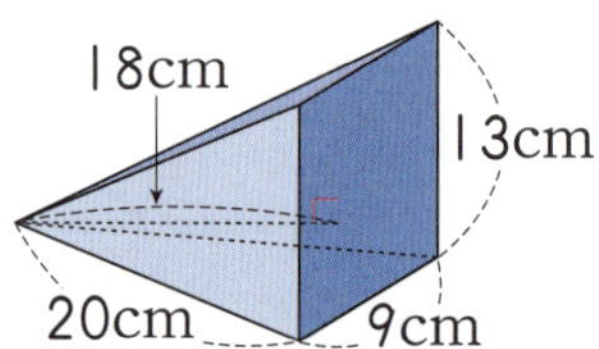

[답]

10

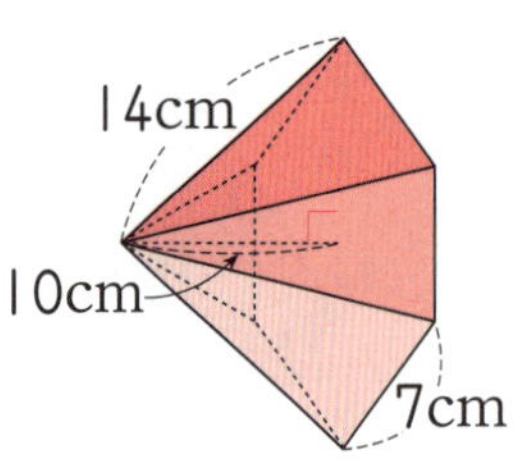

[답]

11

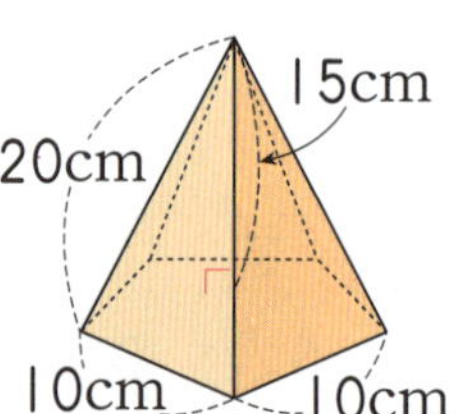

[답]

 사고력 학습

✿ 이름 :
✿ 날짜 :
✿ 시간 :　시　분 ～　시　분

확인

◆ 각뿔(3) ◆

1 각뿔에 대한 설명으로 옳은 것을 찾아 기호를 쓰시오.

> ㉠ 밑면은 1개입니다.
> ㉡ 밑면과 옆면은 서로 수직입니다.
> ㉢ 밑면의 모양은 항상 삼각형입니다.
> ㉣ 옆면의 모양은 여러 가지 다각형입니다.

[답]

2 오른쪽 입체도형은 각뿔이 아닙니다. 각뿔이 아닌 이유를 쓰시오.

[답]

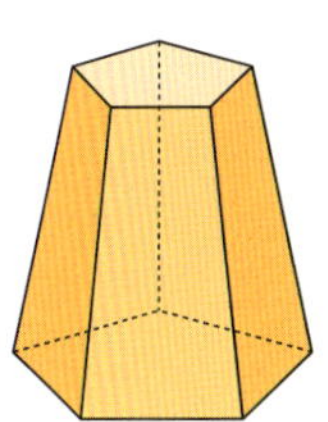

3 빈칸에 알맞은 수를 써넣으시오.

도형	밑면의 변의 수(개)	꼭짓점의 수(개)	면의 수(개)	모서리의 수(개)
사각뿔				
칠각뿔				
팔각뿔				

4 밑면의 모양이 오른쪽과 같은 각뿔이 있습니다. 물음에 답하시오.

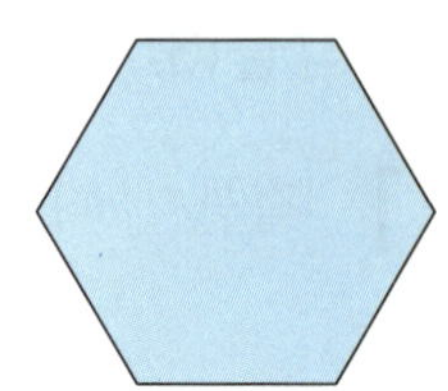

(1) 각뿔의 이름을 쓰시오.

[답]

(2) 각뿔의 면은 모두 몇 개입니까?

[답]

5 오른쪽 각뿔의 밑면의 모양은 정사각형입니다. 이 각뿔의 모든 모서리의 길이의 합은 몇 cm입니까?

[답]

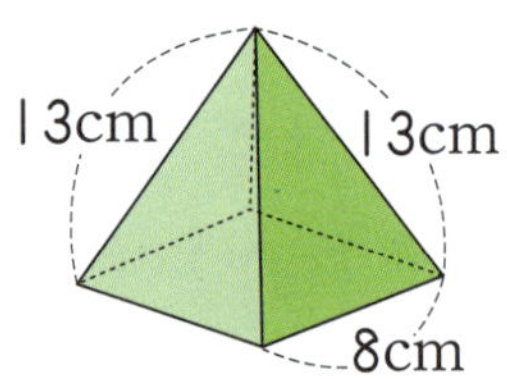

6 다음 조건을 모두 만족하는 입체도형의 이름을 쓰시오.

> • 밑면의 모양은 다각형입니다.
> • 면의 수와 꼭짓점의 수는 같습니다.
> • 모서리는 모두 24개입니다.

[답]

사고력 학습

◆ 각기둥의 전개도(1) ◆

각기둥의 모서리를 잘라서 펼쳐 놓은 그림을 각기둥의 전개도라고
합니다.

1 각기둥의 전개도를 모두 찾아 쓰시오.

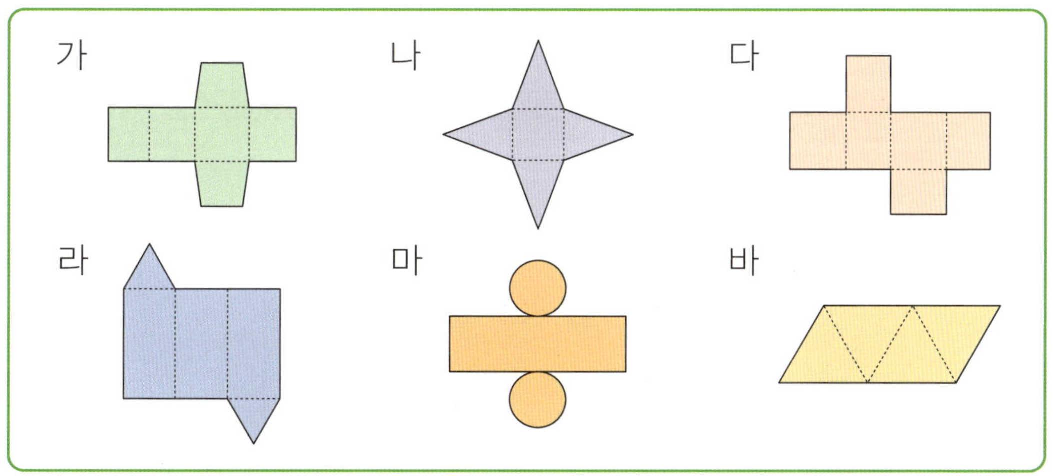

[답]

2 사각기둥의 전개도가 아닌 것에 모두 ○표 하시오.

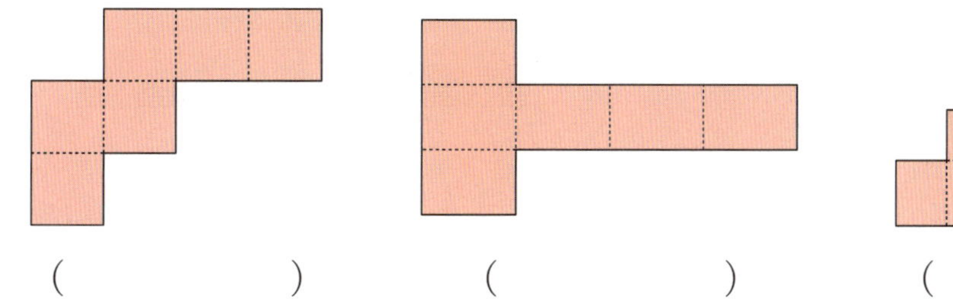

(   )   (   )   (   )

🐸 어떤 각기둥의 전개도인지 쓰시오. [3~4]

3

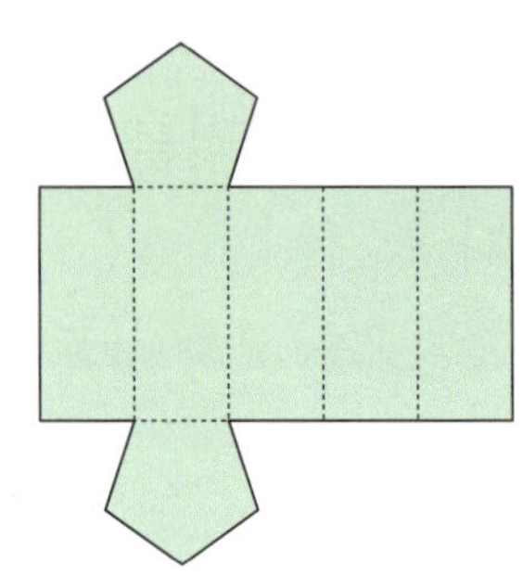

[답] _______________

4

[답] _______________

🐸 왼쪽 도형을 보고 전개도를 그린 것입니다. ☐ 안에 알맞은 수를 써넣으시오. [5~6]

5

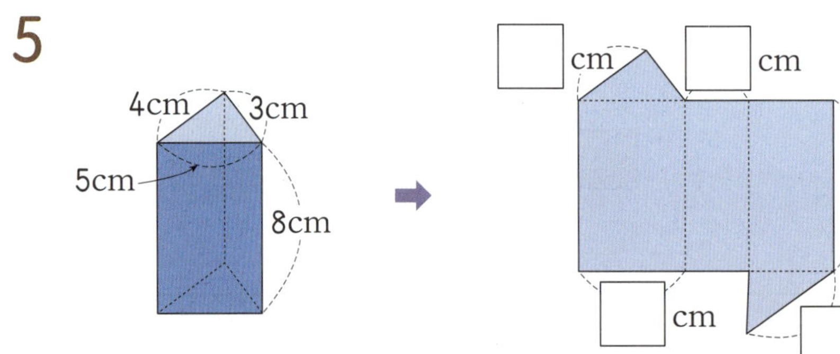

6

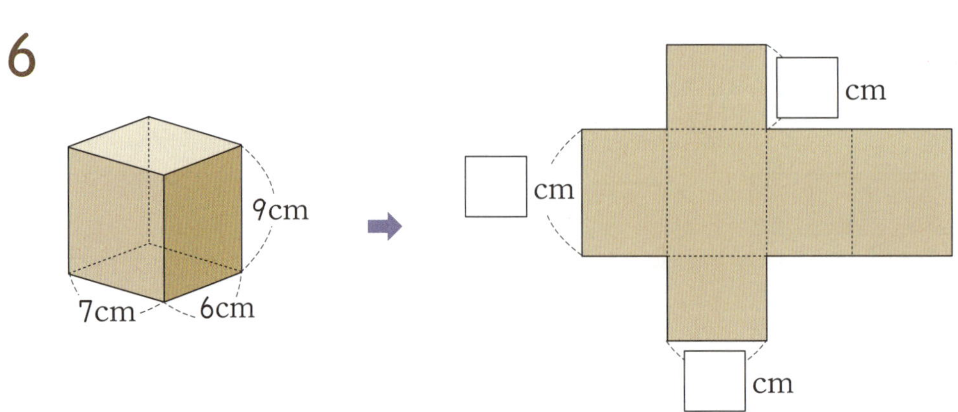

🌸 이름 :
🌸 날짜 :
🌸 시간 :　시　분 ～　시　분

확인

◆ 각기둥의 전개도(2) ◆

1 전개도를 보고 물음에 답하시오.

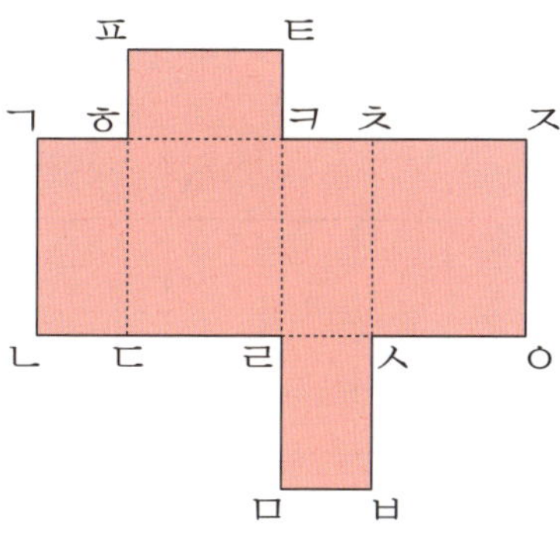

(1) 면 ㄹㅁㅂㅅ과 평행한 면을 찾아 쓰시오.

[답]

(2) 전개도를 접었을 때, 선분 ㄴㄷ과 맞닿는 선분을 찾아 쓰시오.

[답]

2 삼각기둥에 꼭짓점을 지나는 선분을 그렸습니다. 이 삼각기둥의 전개도에 알맞게 선분을 그려 넣으시오.

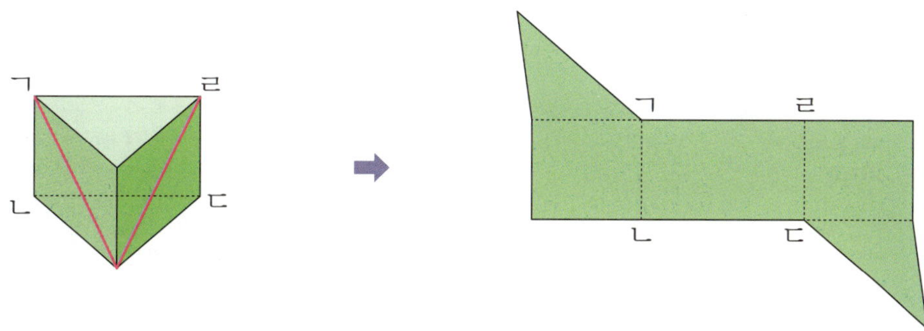

사고력 학습

3 육각기둥의 전개도를 그리려고 합니다. 나머지 부분을 그려서 육각기둥의 전개도를 완성하시오.

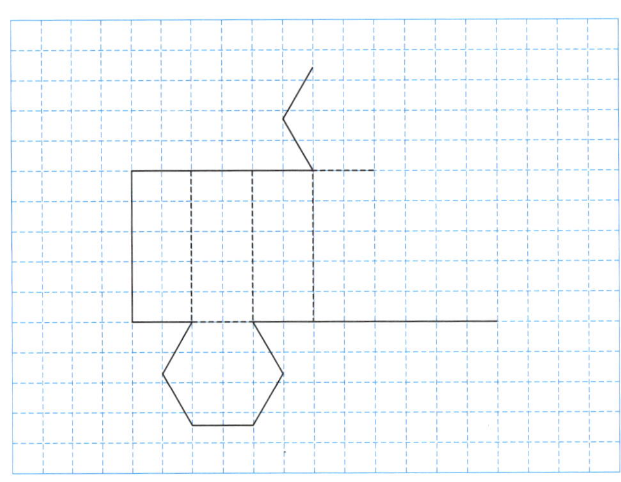

4 사각기둥의 전개도를 모눈종이에 그리시오.

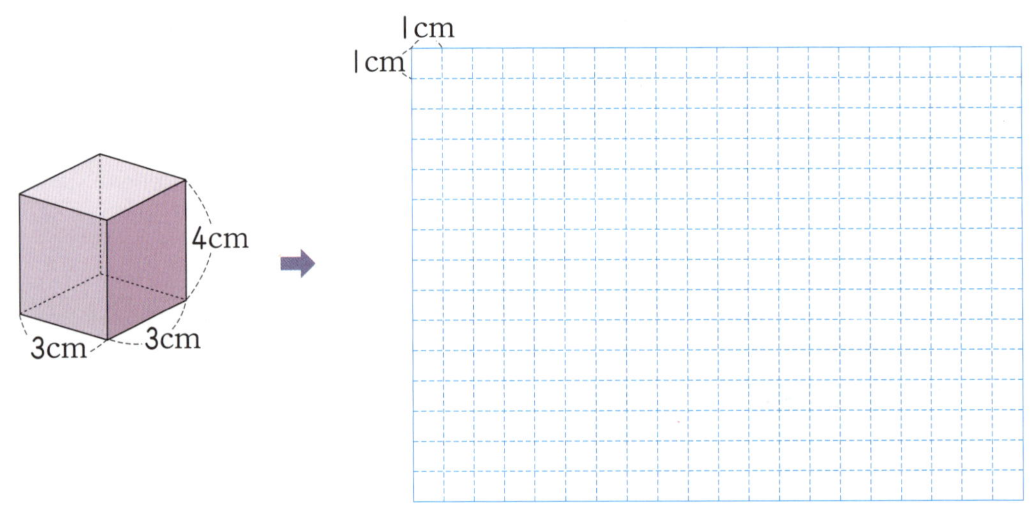

✿ 이름 :

✿ 날짜 :

✿ 시간 :　　시　　분 ~ 　시　　분

◆ **각뿔의 전개도(1)** ◆

> 각뿔의 모서리를 잘라서 펼쳐 놓은 그림을 각뿔의 전개도라고 합니다.

1 각뿔의 전개도가 아닌 것을 모두 찾아 쓰시오.

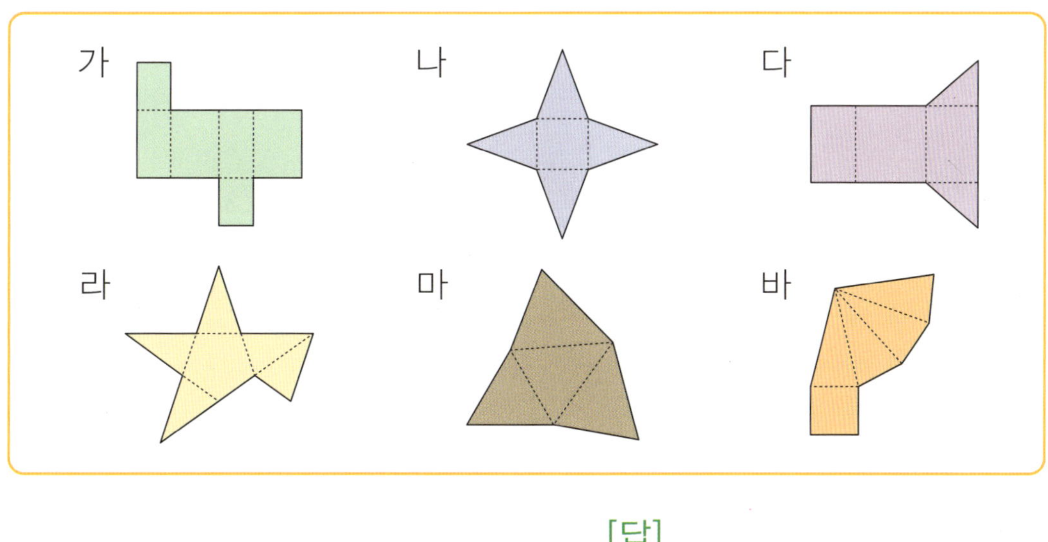

[답]

2 전개도를 접었을 때, 삼각뿔을 만들 수 없는 것을 찾아 기호를 쓰시오.

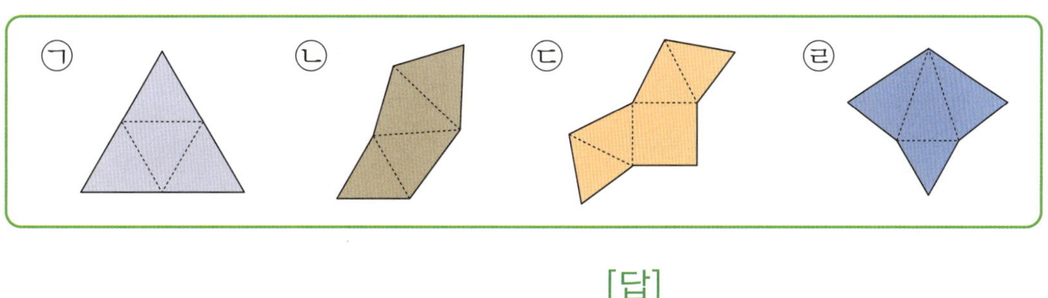

[답]

사고력 학습

3 어떤 각뿔의 전개도인지 쓰시오.

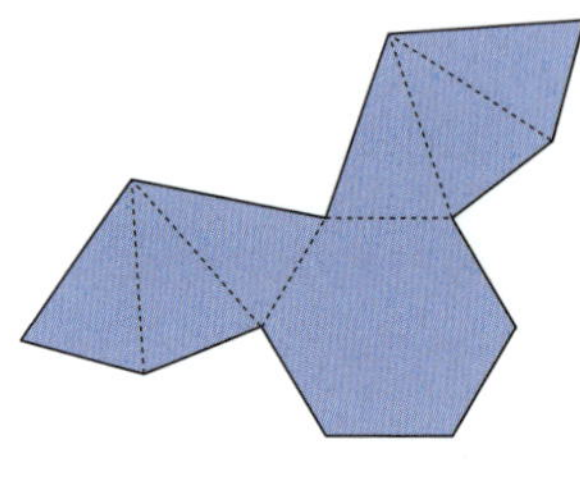

[답] ______________________

4 오른쪽 그림은 오각뿔의 전개도가 아닙니다. 오각뿔의 전개도가 아닌 이유를 쓰시오.

[답] ______________________

____

5 왼쪽 도형을 보고 전개도를 그린 것입니다. ☐ 안에 알맞은 수를 써넣으시오.

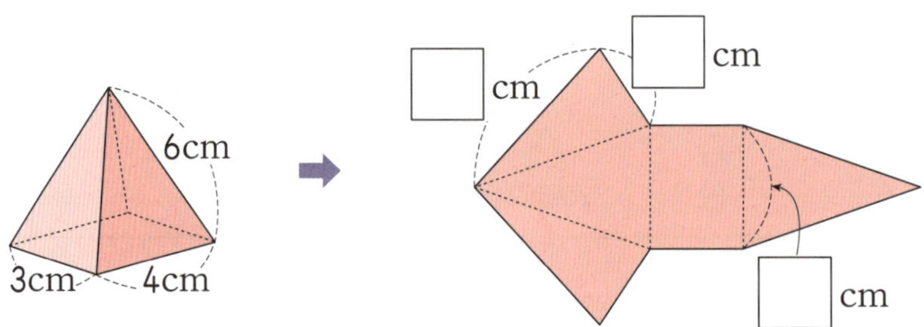

◆ 각뿔의 전개도(2) ◆

1 오른쪽 전개도를 보고 물음에 답하시오.

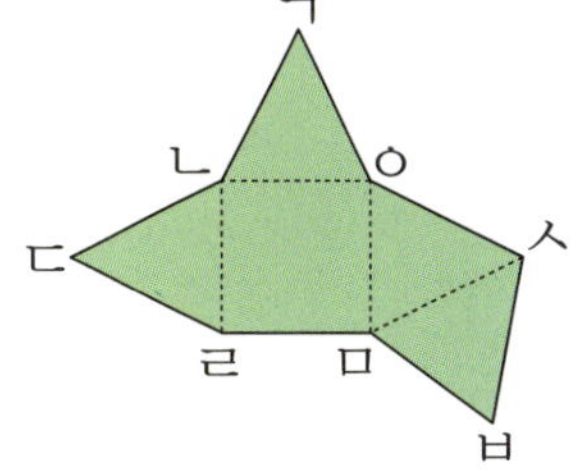

(1) 각뿔의 꼭짓점이 되는 점을 모두 찾아 쓰시오.

[답]

(2) 전개도를 접었을 때, 선분 ㄷㄹ과 맞닿는 선분을
찾아 쓰시오.

[답]

2 전개도를 보고 물음에 답하시오.

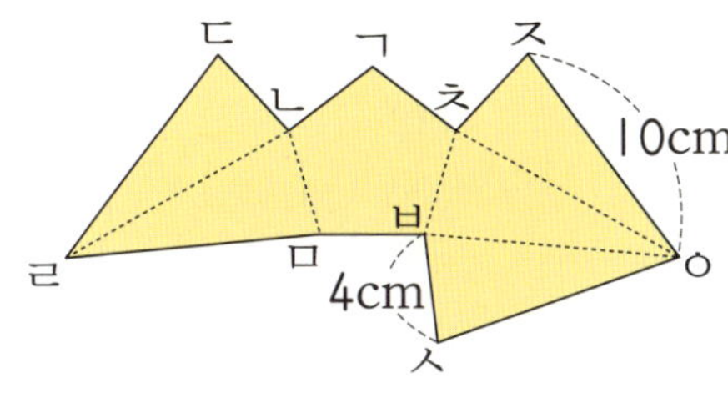

(1) 각뿔의 밑면이 정오각형일 때, 밑면의 둘레는 몇 cm입니까?

[답]

(2) 전개도를 접었을 때, 점 ㄷ과 맞닿는 점은 몇 개입니까?

[답]

3 오각뿔의 전개도를 그리려고 합니다. 나머지 부분을 그려서 오각뿔의 전개도를 완성하시오.

4 사각뿔의 전개도를 모눈종이에 그리시오.

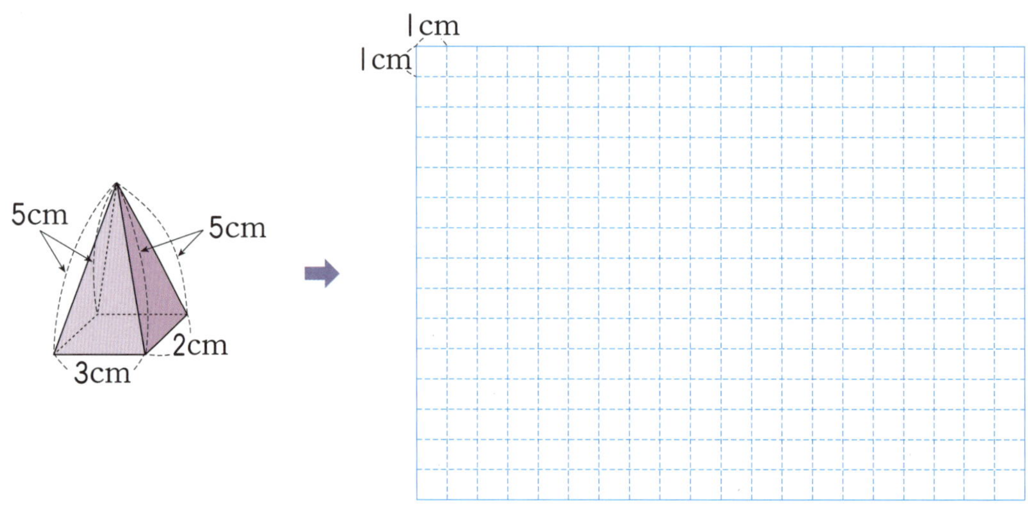

✿ 이름 :
✿ 날짜 :
✿ 시간 :　　　시　　　분~　　　시　　　분

확인

 **창의력 학습**

선생님이 수학시간에 다음과 같이 삼각기둥의 전개도를 그렸습니다. 선생님이 그린 전개도와 다른 방법으로 2개 그리시오.

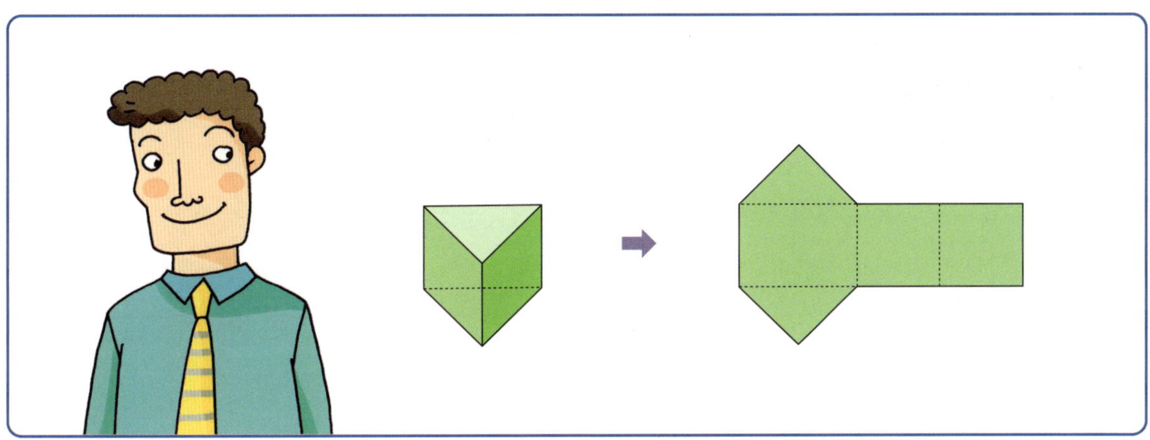

다음 모양을 보고 전개도를 그리시오.

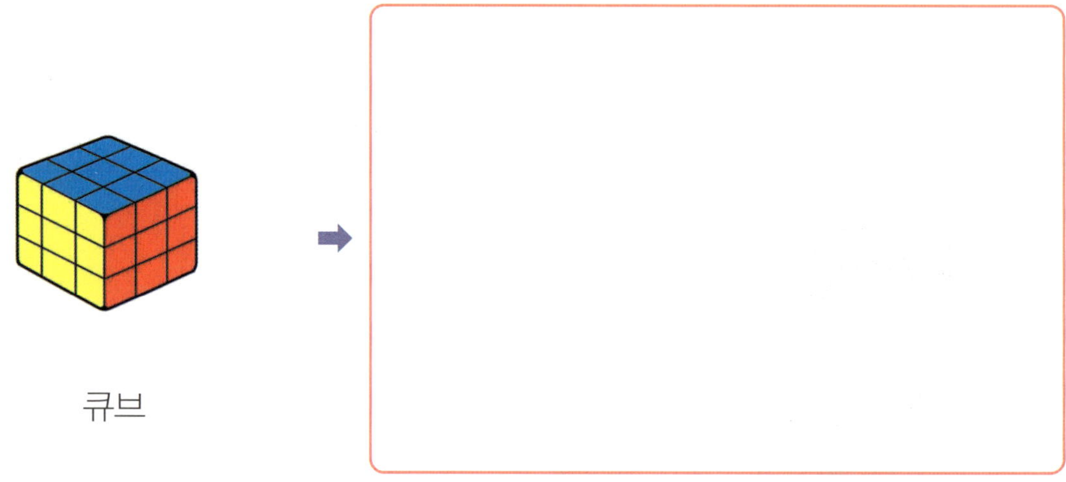

큐브

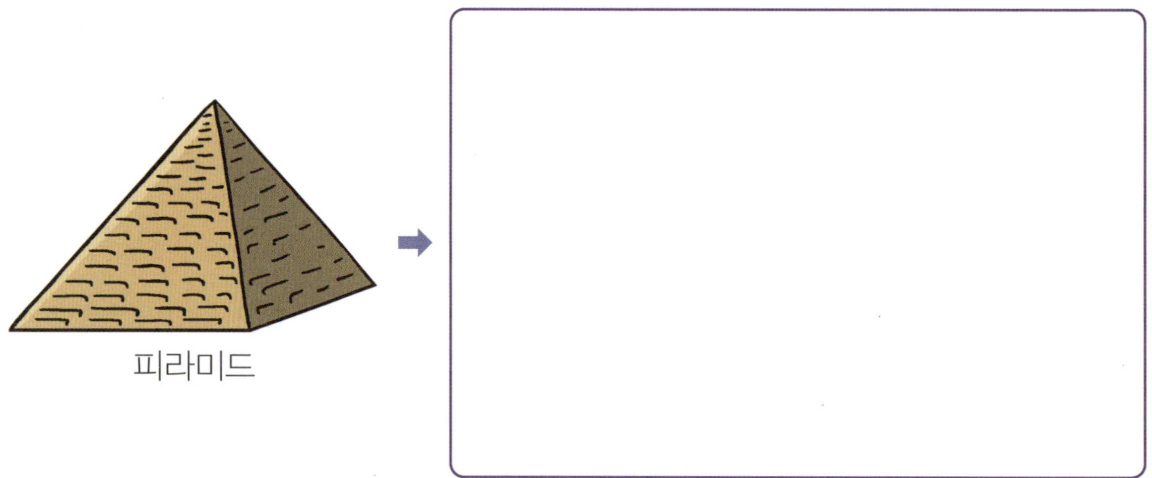

피라미드

❀ 이름 :

❀ 날짜 :

❀ 시간 :　　시　　분 ~ 　　시　　분

✚ 경시대회 예상문제

1 오른쪽 각기둥에서 면 ㄱㄴㄷ에 수직인 면의 넓이의 합은 몇 cm^2입니까?

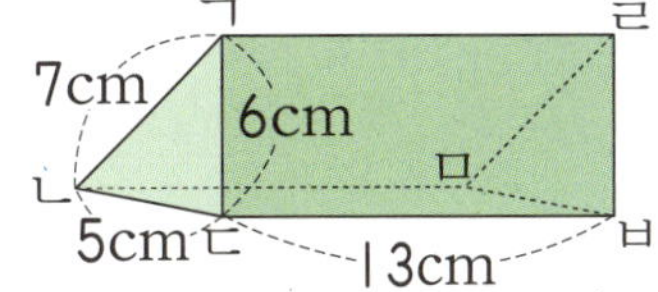

[답] ________________

2 다음을 만족하는 각기둥의 이름을 알아보려고 합니다. 풀이 과정을 쓰고 답을 구하시오.

$$（꼭짓점의 수）＋（면의 수）＋（모서리의 수）＝44$$

____

____

[답] ________________

3 어떤 입체도형의 밑면은 정다각형이고, 옆면은 직사각형으로 다음과 같습니다. 이 입체도형의 모든 모서리의 길이의 합은 몇 cm입니까?

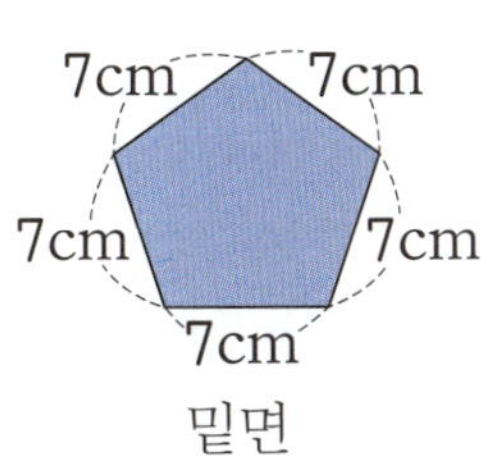

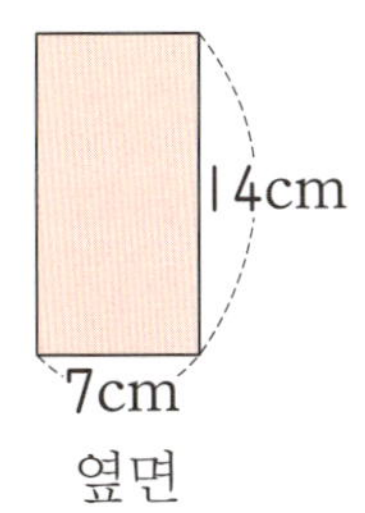

[답] ________________

4 모서리의 길이가 모두 같은 팔각기둥이 있습니다. 이 팔각기둥의 모든 모서리의 길이의 합이 192cm일 때, 한 모서리의 길이는 몇 cm입니까?

[답] ____________________

5 면의 모양이 모두 삼각형인 입체도형의 이름을 쓰시오.

[답] ____________________

6 오른쪽 각기둥과 모서리의 수가 같은 각뿔의 이름을 쓰시오.

[답] ____________________

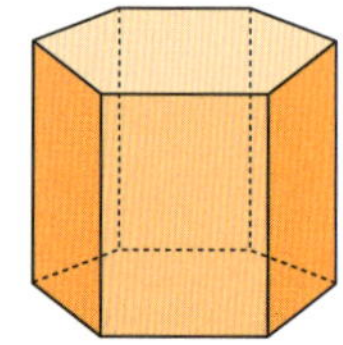

7 오른쪽과 같이 밑면은 직사각형이고 옆면은 이등변삼각형인 사각뿔의 모든 모서리의 길이의 합은 몇 cm입니까?

[답] ____________________

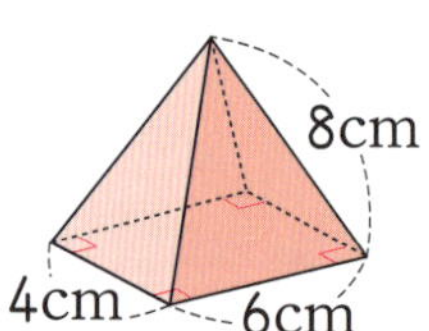

경시대회 예상문제

8 오른쪽 전개도를 접어 사각기둥을 만들려고 합니다. 물음에 답하시오.

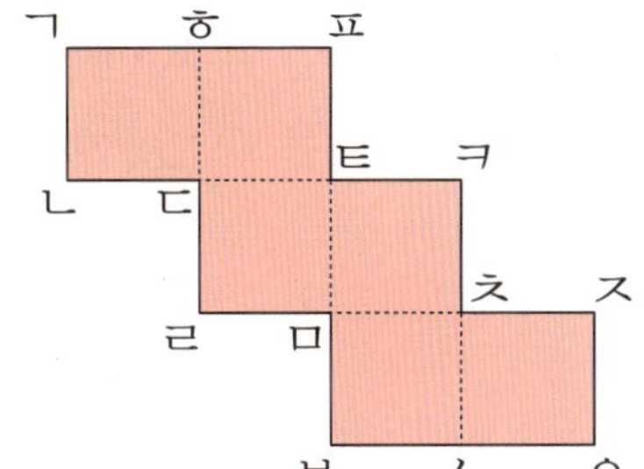

(1) 선분 ㅈㅇ과 맞닿는 선분을 찾아 쓰시오.

[답] ______________________

(2) 점 ㄱ과 만나는 점을 찾아 쓰시오.

[답] ______________________

(3) 면 ㅌㅁㅊㅋ과 평행한 면을 찾아 쓰시오.

[답] ______________________

(4) 면 ㅁㅂㅅㅊ에 수직인 면을 모두 찾아 쓰시오.

[답] ______________________

9 왼쪽 도형을 보고 전개도를 그린 것입니다. 밑면이 정오각형일 때, 각뿔의 전개도의 둘레는 몇 cm입니까?

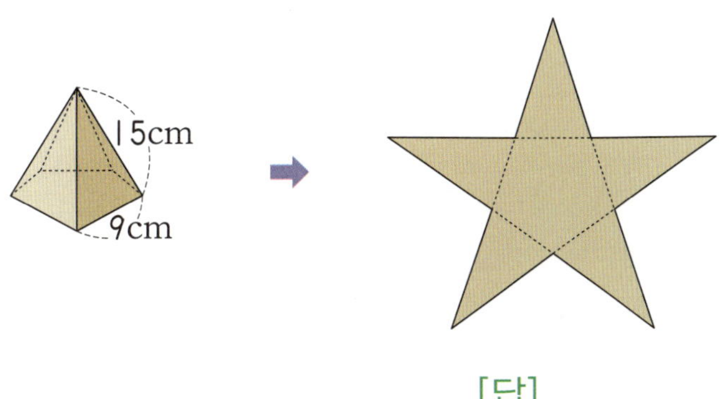

[답] ______________________

10 삼각뿔의 점 ㄴ에서 출발하여 모서리 ㄱㄷ과 모서리 ㄱㄹ의 한가운데를 지나는 선분을 그렸습니다. 그림을 보고 물음에 답하시오.

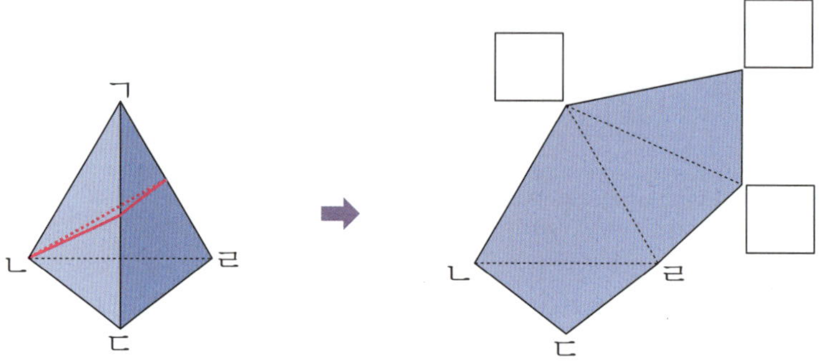

(1) □ 안에 알맞게 써넣으시오.

(2) 이 삼각기둥의 전개도에 알맞게 선분을 그려 넣으시오.

11 다음은 밑면이 직사각형인 각뿔의 전개도입니다. 전개도의 둘레가 50cm일 때, 밑면의 넓이는 몇 cm^2입니까?

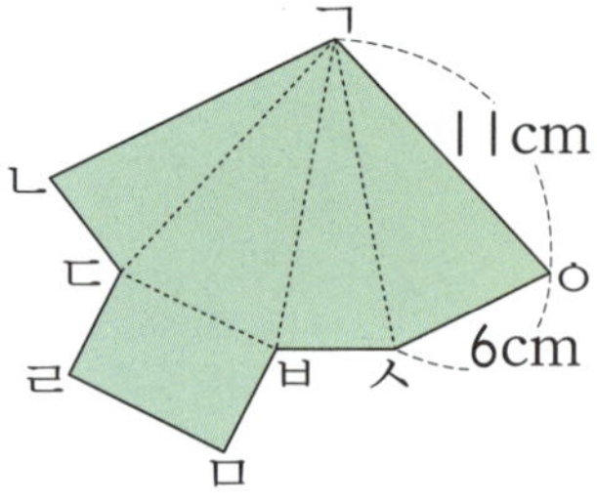

[답]

경시대회 예상문제

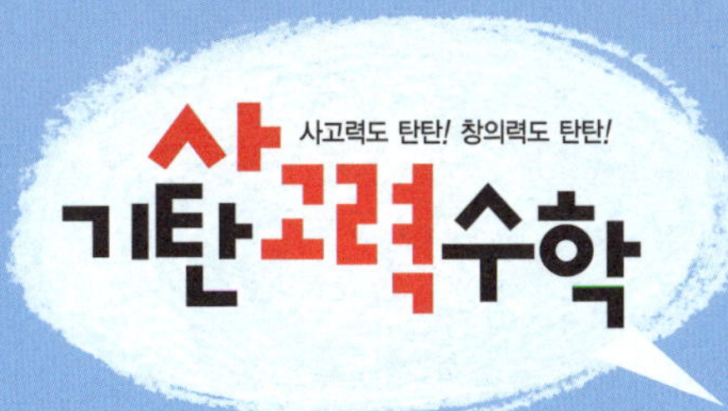

학습 관리표

학습 내용		이번 주는?
확인 학습	·분수의 나눗셈 ·소수의 나눗셈 ·각기둥과 각뿔 ·창의력 학습 ·경시대회 예상문제 ·성취도 테스트	• 학습 방법 : ① 매일매일　② 가끔　③ 한꺼번에 　하였습니다. • 학습 태도 : ① 스스로 잘　② 시켜서 억지로 　하였습니다. • 학습 흥미 : ① 재미있게　② 싫증내며 　하였습니다. • 교재 내용 : ① 적합하다고　② 어렵다고　③ 쉽다고 　하였습니다.
지도 교사가 부모님께		**부모님이 지도 교사께**
평가	Ⓐ 아주 잘함　　Ⓑ 잘함　　Ⓒ 보통　　Ⓓ 부족함	

원(교)　　　　반　　이름　　　　　　전화

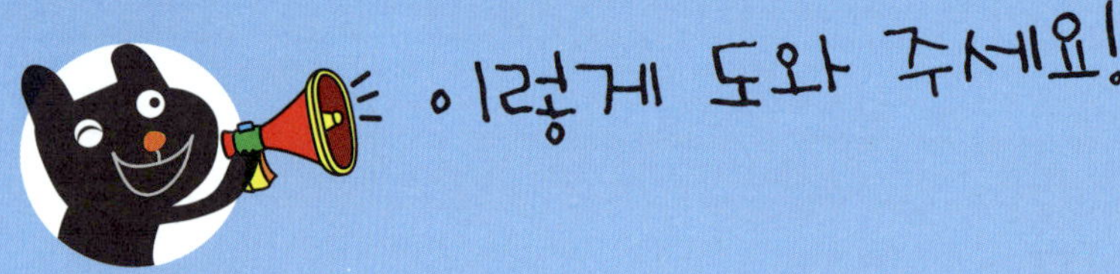

● **학습 목표**

– (자연수)÷(단위분수), (자연수)÷(진분수)의 계산을 할 수 있습니다.

– 진분수의 나눗셈, 대분수의 나눗셈을 할 수 있습니다.

– 소수의 나눗셈에서 소수를 자연수로 바꾸어 계산하는 원리를 이해할 수 있습니다.

– (소수)÷(소수)의 계산 원리를 알고 계산할 수 있습니다.

– 소수의 나눗셈에서 몫과 나머지를 구할 수 있고, 나눗셈을 검산할 수 있습니다.

– 각기둥과 각뿔의 여러 가지 구성 요소를 이해할 수 있습니다.

– 각기둥과 각뿔의 전개도를 이해하고, 전개도를 여러 가지 방법으로 그릴 수 있습니다.

● **지도 내용**

– (자연수)÷(단위분수), (자연수)÷(진분수)를 이해하고 계산해 봅니다.

– 진분수의 나눗셈, 대분수의 나눗셈을 이해하고 계산해 봅니다.

– (소수)÷(소수)를 분수의 나눗셈을 이용하여 (자연수)÷(자연수)로 바꾸어 계산해 봅니다.

– 나눠지는 수와 나누는 수의 소수점을 옮기는 원리를 이해합니다.

– 소수의 나눗셈에서 몫과 나머지를 구하고, 검산해 봅니다.

– 각기둥, 각뿔의 여러 가지 구성 요소를 이해합니다.

– 각기둥, 각뿔의 전개도를 이해하고 여러 가지 방법으로 그려 봅니다.

● **지도 요점**

앞에서 학습한 분수의 나눗셈, 소수의 나눗셈, 각기둥과 각뿔을 확인 학습하는 주입니다. 여러 유형의 문제를 접해 보게 함으로써 학습한 지식을 잘 응용할 수 있도록 지도해 주십시오. 그리고 성취도 테스트를 이용해서 주어진 시간 내에 모든 문제를 푸는 연습을 하도록 해 주십시오.

★ 이름 :

★ 날짜 :

★ 시간 :　　시　　분 ～　　시　　분

◆ **분수의 나눗셈** ◆

1 그림을 보고 ☐ 안에 알맞은 수를 써넣으시오.

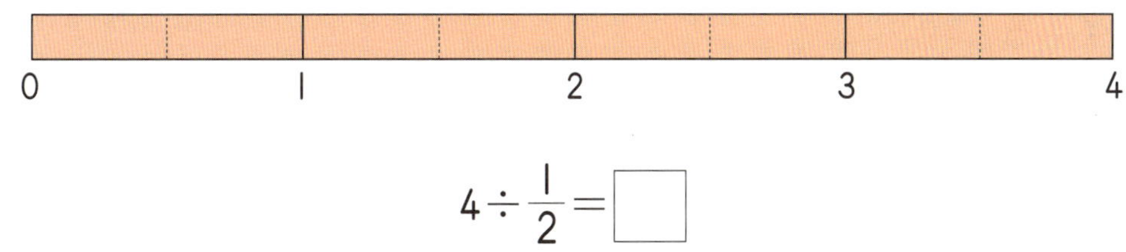

$$4 \div \frac{1}{2} = \boxed{}$$

2 $\frac{8}{15} \div \frac{4}{15}$ 는 얼마인지 알아보려고 합니다. ☐ 안에 알맞은 수를 써넣으시오.

- $\frac{8}{15}$ 은 $\frac{1}{15}$ 이 ☐ 개입니다.

- $\frac{4}{15}$ 는 $\frac{1}{15}$ 이 ☐ 개입니다.

- $\frac{8}{15} \div \frac{4}{15} = \boxed{} \div \boxed{} = \boxed{}$

3 계산 결과가 다른 하나를 찾아 기호를 쓰시오.

㉠ $\frac{9}{10} \div \frac{3}{10}$　　　㉡ $\frac{6}{7} \div \frac{2}{7}$　　　㉢ $\frac{3}{4} \div \frac{1}{4}$　　　㉣ $\frac{7}{8} \div \frac{5}{8}$

[답]

🐸 ☐ 안에 알맞은 수를 써넣으시오. [4~5]

4 $\dfrac{7}{9} \div \dfrac{2}{5} = \dfrac{7}{9} \times \dfrac{\boxed{}}{\boxed{}} = \dfrac{\boxed{}}{\boxed{}} = \boxed{}\dfrac{\boxed{}}{\boxed{}}$

5 $1\dfrac{1}{3} \div \dfrac{4}{7} = \dfrac{\boxed{}}{3} \times \dfrac{\boxed{}}{\boxed{}} = \dfrac{\boxed{}}{3} = \boxed{}\dfrac{\boxed{}}{\boxed{}}$

6 보기 와 같이 계산하시오.

보기

$$2\dfrac{1}{4} \div 1\dfrac{7}{8} = \dfrac{9}{4} \div \dfrac{15}{8} = \dfrac{\overset{3}{\cancel{9}}}{\underset{1}{\cancel{4}}} \times \dfrac{\overset{2}{\cancel{8}}}{\underset{5}{\cancel{15}}} = \dfrac{6}{5} = 1\dfrac{1}{5}$$

$2\dfrac{2}{7} \div 3\dfrac{1}{5}$ ___________

7 □ 안에 알맞은 수를 써넣으시오.

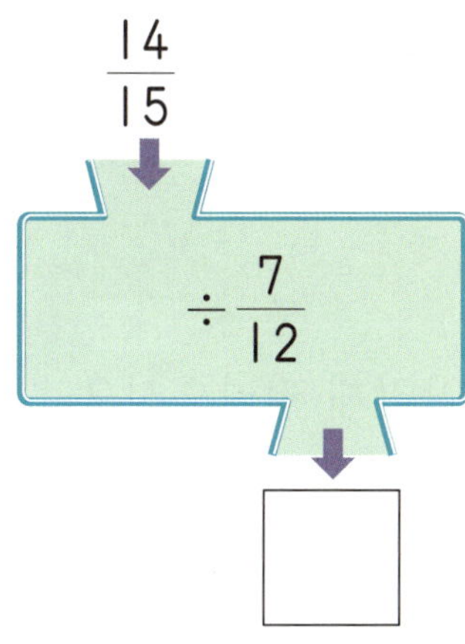

8 빈칸에 알맞은 수를 써넣으시오.

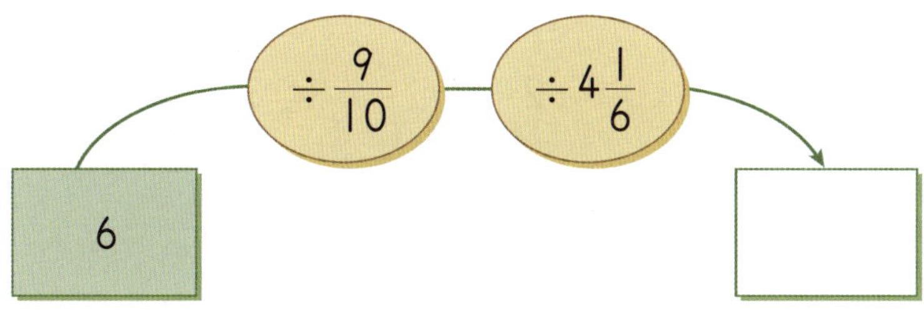

9 계산 결과가 자연수가 아닌 것을 찾아 기호를 쓰시오.

ㄱ $20 \div \dfrac{5}{9}$ ㄴ $\dfrac{3}{5} \div \dfrac{1}{10}$ ㄷ $\dfrac{8}{11} \div \dfrac{2}{11}$ ㄹ $4\dfrac{1}{6} \div 1\dfrac{2}{3}$

[답]

10 $6\dfrac{1}{4}$ m의 고무줄을 $\dfrac{5}{8}$ m씩 자르면 몇 도막이 됩니까?

[답]

11 ○ 안에 >, =, <를 알맞게 써넣으시오.

$$10 \div \dfrac{5}{6} \;\bigcirc\; 8\dfrac{3}{4} \div \dfrac{7}{8}$$

12 계산 결과가 작은 것부터 차례로 기호를 쓰시오.

$$\text{㉠ } 4 \div \dfrac{1}{8} \qquad \text{㉡ } 2 \div \dfrac{1}{7} \qquad \text{㉢ } 3 \div \dfrac{1}{6} \qquad \text{㉣ } 9 \div \dfrac{1}{5}$$

[답]

13 가장 큰 수를 가장 작은 수로 나눈 몫을 구하시오.

$$2\dfrac{4}{7} \qquad 5 \qquad \dfrac{8}{15}$$

[답]

 확인 학습

14 □ 안에 들어갈 수가 큰 것의 기호를 쓰시오.

$$\bigcirc \ \square \div \frac{1}{4} = 36 \qquad \bigcirc \ 9 \div \frac{\square}{5} = 15$$

[답]

15 □ 안에 알맞은 수를 써넣으시오.

$$\boxed{} \times 5\frac{1}{4} = 4\frac{9}{10} \div \frac{7}{18}$$

16 굵기가 일정한 나무 도막 $6\frac{2}{3}$ m의 무게는 $5\frac{5}{7}$ kg입니다. 이 나무 도막 1m 의 무게는 몇 kg입니까?

[답]

확인 학습

17 나무 도막이 2개 있습니다. 가의 길이는 나의 길이의 몇 배입니까?

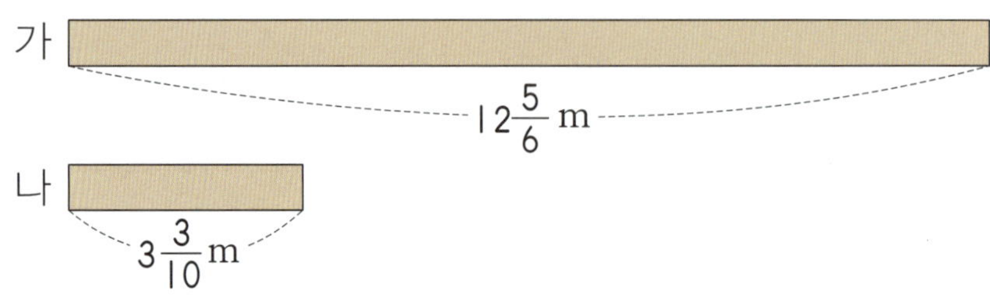

[답]

18 가◪나를 다음과 같이 약속할 때, $4\dfrac{1}{6}$◪$\dfrac{5}{8}$는 얼마인지 구하시오.

$$가◪나=(가÷나)×(나÷가)$$

[답]

19 진영이가 자전거를 타고 $4\dfrac{1}{2}$ km를 가는 데 35분이 걸렸다고 합니다. 같은 빠르기로 1시간 동안 타면 몇 km를 갈 수 있습니까?

[답]

 확인 학습

20 □ 안에 들어갈 수 있는 자연수를 모두 구하시오.

$$25 < 7 \div \frac{1}{\square} < 50$$

[답]

21 오른쪽 그림과 같은 사다리꼴 모양의 꽃밭이 있습니다. 이 꽃밭의 넓이가 $31\,cm^2$일 때, 높이는 몇 cm입니까?

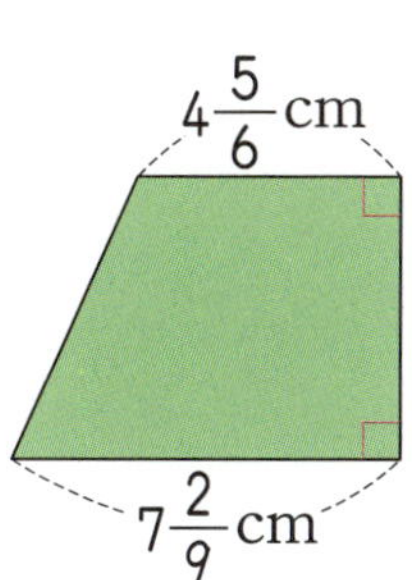

[답]

22 어떤 수를 $\frac{8}{15}$로 나누어야 할 것을 잘못하여 곱했더니 $3\frac{1}{5}$이 되었습니다. 바르게 계산하면 얼마입니까?

[답]

확인 학습

23 물이 6분에 $3\frac{3}{7}$ L씩 나오는 수도꼭지가 있습니다. 이 수도꼭지를 틀어 $8\frac{2}{5}$ L 의 물을 받는 데 걸리는 시간은 몇 분입니까?

[답]

24 다음과 같은 직사각형 모양의 땅을 덮는 데 필요한 흙은 $12\frac{3}{8}$ kg입니다. 흙 6kg으로 덮을 수 있는 땅의 넓이는 몇 m²입니까?

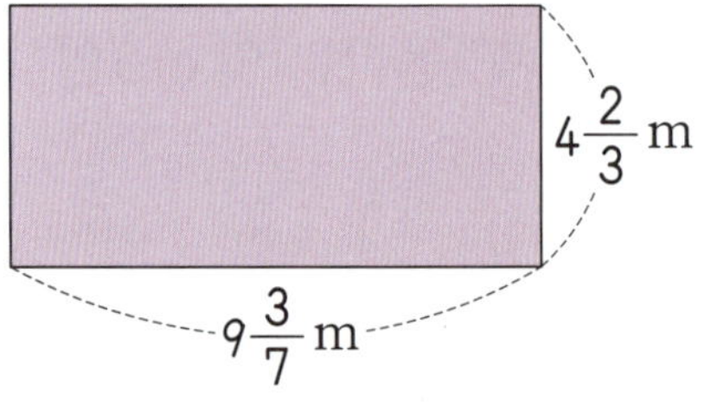

[답]

25 $10\frac{7}{11}$ L들이의 물통이 있습니다. 이 물통에 물을 가득 채우려면 $1\frac{4}{5}$ L씩 몇 번 부으면 됩니까?

[답]

확인 학습

✿ 이름 :
✿ 날짜 :
✿ 시간 :　시　분 ~ 시　분

확인

◆ 소수의 나눗셈 ◆

□ 안에 알맞은 수를 써넣으시오. [1~4]

1 $8.1 \div 0.9 = \dfrac{\boxed{}}{10} \div \dfrac{9}{10} = \boxed{} \div \boxed{} = \boxed{}$

2 $0.63 \div 0.21 = \dfrac{\boxed{}}{100} \div \dfrac{21}{100} = \boxed{} \div \boxed{} = \boxed{}$

3 $9.45 \div 1.5 = \boxed{} \div 15 = \boxed{}$

4 $102.896 \div 8.72 = 10289.6 \div \boxed{} = \boxed{}$

확인 학습 

소수의 나눗셈을 하시오. [5~6]

5 $1.7\,\overline{)\,15.3}$

6 $12.3\,\overline{)\,104.55}$

7 2176÷17과 몫이 같은 나눗셈을 모두 찾아 기호를 쓰시오.

> ㉠ 217.6÷1.7   ㉡ 21.76÷0.17
> ㉢ 217.6÷0.17   ㉣ 0.2176÷0.17

[답]

8 관계있는 것끼리 선으로 이으시오.

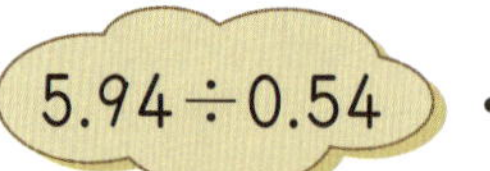

5.94÷0.54 •

80.66÷3.7 •

확인 학습

9 빈칸에 알맞은 수를 써넣으시오.

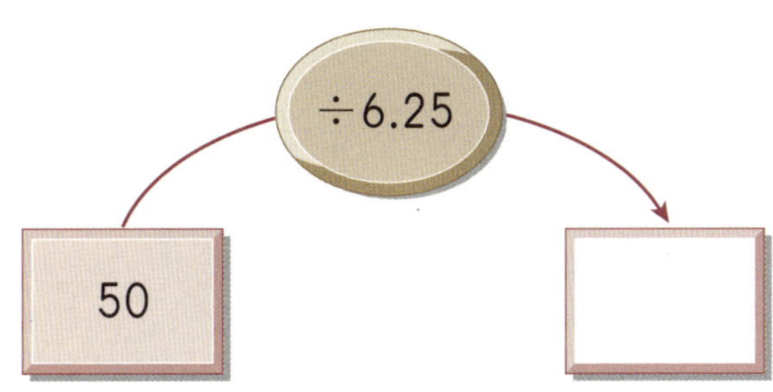

10 나눗셈을 계산하여 ○ 안에 >, =, <를 알맞게 써넣으시오.

$$4.8 \div 1.6 \bigcirc 5.2 \div 1.04$$

11 다음 평행사변형의 넓이는 103.53cm²입니다. 이 평행사변형의 높이는 몇 cm입니까?

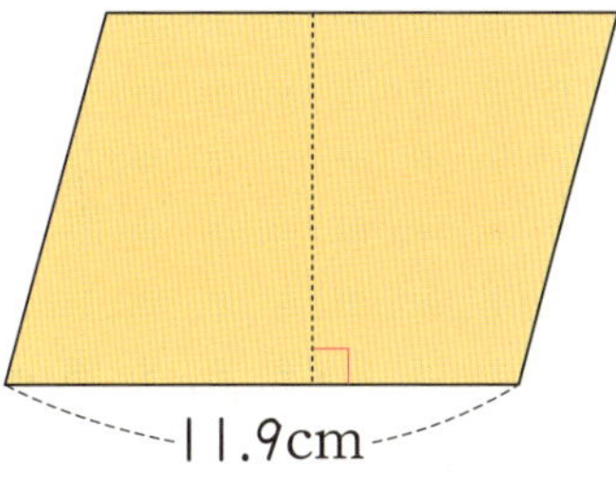

[답]

12 오른쪽 나눗셈의 몫을 자연수 부분까지 구하여 검산하려고 합니다. ☐ 안에 알맞은 수를 써넣으시오.

$$3.7 \overline{\smash{)}\,18.13}$$

(검산) $3.7 \times$ ☐ $+$ ☐ $=$ ☐

13 다음 중 나눗셈의 몫을 자연수 부분까지 구하고 나머지를 바르게 나타낸 것을 찾아 기호를 쓰시오.

> ㉠ $1.743 \div 0.21 = 8 \cdots 0.63$
> ㉡ $4.5 \div 1.4 = 3 \cdots 3$
> ㉢ $19.2 \div 2.56 = 7 \cdots 1.28$

[답] ________________

14 나눗셈의 몫을 반올림하여 소수 첫째 자리까지 나타내시오.

> $45.64 \div 7.8$

[답] ________________

확인 학습

15 나눗셈의 몫을 반올림하여 소수 둘째 자리까지 나타낼 때, 몫이 다른 하나를 찾아 기호를 쓰시오.

> ㉠ 24.57÷16
> ㉡ 17.09÷11.14
> ㉢ 8.2÷5.31

[답] ____________________

16 □ 안에 들어갈 수 있는 자연수를 모두 구하시오.

> 30.12÷4.3 < □ < 190.8÷15.7

[답] ____________________

17 69.6L들이의 음료수를 5.8L씩 작은 병에 나누어 담으려고 합니다. 작은 병은 몇 개 필요합니까?

[답] ____________________

18 짐을 1500kg까지 실을 수 있는 화물차에 과일 상자를 실으려고 합니다. 과일 상자 한 개의 무게가 28.5kg일 때, 화물차에 실을 수 있는 과일 상자는 몇 개입니까?

[답]

19 둘레가 25.6m인 원 모양의 울타리에 0.8m마다 기둥을 세우려고 합니다. 필요한 기둥은 몇 개입니까?

[답]

20 어떤 수를 3.16으로 나눈 몫은 5이고 나머지는 2.7입니다. 어떤 수를 0.5로 나눈 몫은 얼마입니까?

[답]

확인 학습

21 길이가 15m인 리본을 우영이는 1.25m씩, 현정이는 1.5m씩 각각 잘랐습니다. 두 사람이 자른 조각 수의 차는 몇 개입니까?

[답]

22 다음 숫자 카드를 □ 안에 한 번씩만 써넣어 몫이 가장 큰 나눗셈을 만들고 몫을 구하시오.

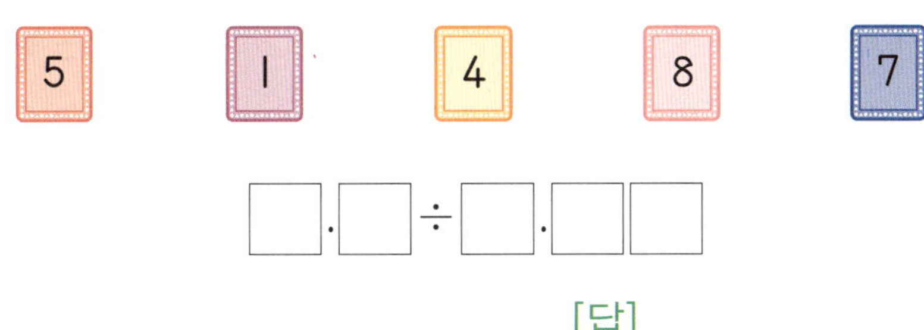

$$\boxed{}\,.\,\boxed{} \div \boxed{}\,.\,\boxed{}\,\boxed{}$$

[답]

23 길이가 8.4cm인 고무줄에 지우개를 매달았더니 처음 고무줄의 길이보다 2.52cm 더 늘어났습니다. 늘어난 후의 고무줄의 길이는 처음 고무줄의 길이의 몇 배입니까?

[답]

24 공원 주변에 길이가 327.6m인 원 모양의 산책로를 만들었습니다. 이 산책로에 6.3m 간격으로 벤치를 설치하려고 합니다. 벤치의 길이가 1.5m일 때, 필요한 벤치는 몇 개입니까?

[답]

25 사과 상자와 배 상자가 있습니다. 사과 상자의 무게는 19.12kg이고, 배 상자의 무게는 사과 상자보다 2kg 더 무겁습니다. 배 상자의 무게는 사과 상자 무게의 약 몇 배인지 반올림하여 소수 첫째 자리까지 나타내시오.

[답]

26 어떤 수를 2.8로 나누어야 할 것을 잘못하여 곱했더니 35.98이 되었습니다. 바르게 계산하면 얼마인지 몫을 반올림하여 소수 둘째 자리까지 나타내시오.

[답]

 확인 학습

◆ 각기둥과 각뿔 ◆

도형을 보고 물음에 답하시오. [1~3]

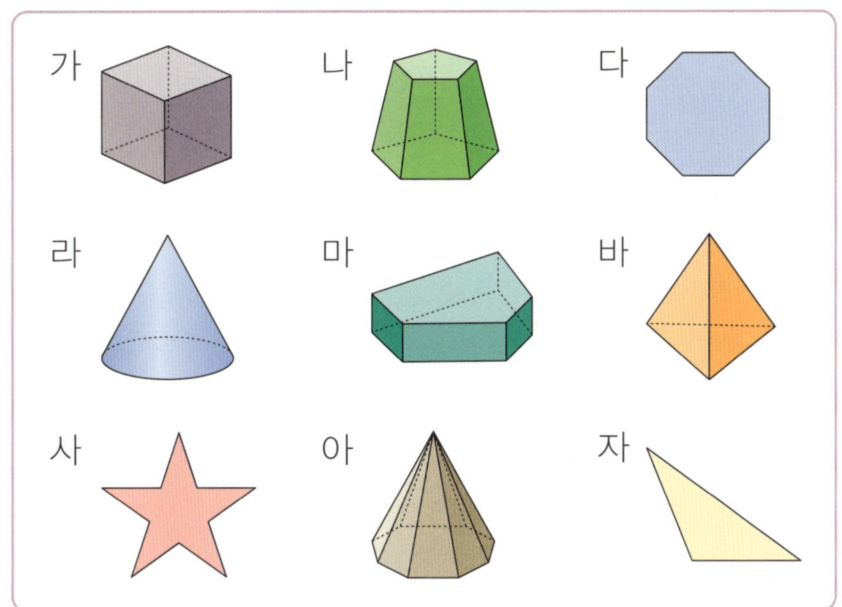

1 입체도형을 모두 찾아 쓰시오.

[답]

2 각기둥을 모두 찾아 쓰시오.

[답]

3 각뿔을 모두 찾아 쓰시오.

[답]

확인 학습

4 각기둥에 대한 설명으로 잘못된 것을 모두 찾아 기호를 쓰시오.

> ㉠ 옆면은 직사각형입니다.
> ㉡ 두 밑면은 서로 합동입니다.
> ㉢ 밑면이 원인 각기둥도 있습니다.
> ㉣ 밑면과 옆면은 서로 수직입니다.
> ㉤ 옆면은 항상 **2**개입니다.

[답]

5 각기둥을 보고 물음에 답하시오.

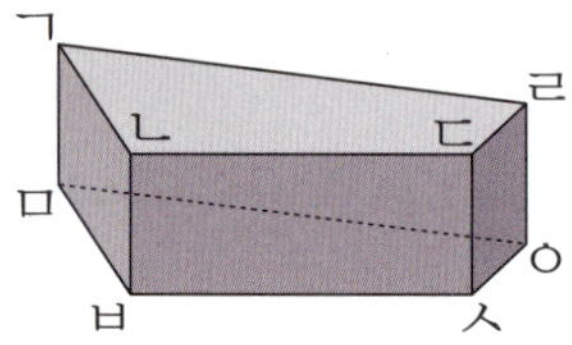

(1) 밑면을 모두 찾아 쓰시오.

[답]

(2) 면 ㅁㅂㅅㅇ과 수직인 면은 몇 개입니까?

[답]

6 오른쪽 각기둥의 높이는 몇 cm입니까?

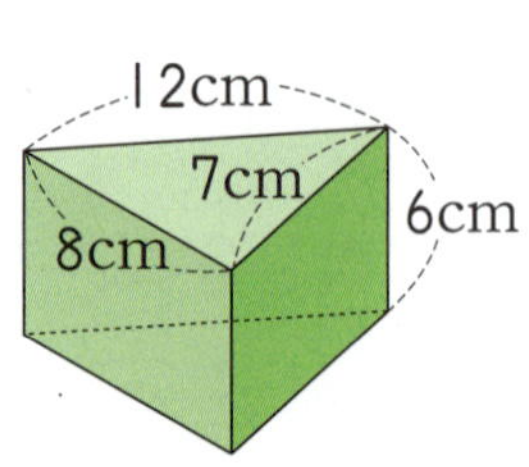

[답]

확인 학습

입체도형의 이름을 쓰시오. [7~8]

7 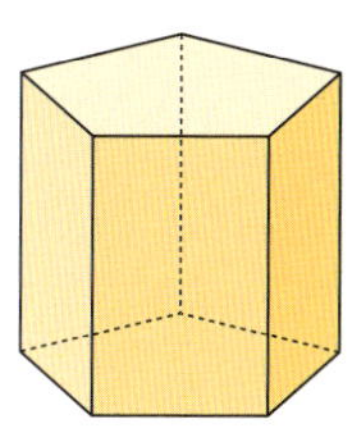

[답] ______________________

8 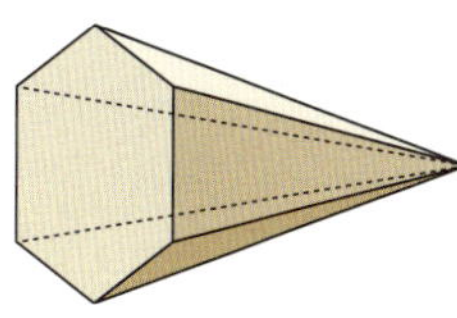

[답] ______________________

9 오른쪽 그림에서 각뿔의 꼭짓점을 찾아 쓰시오.

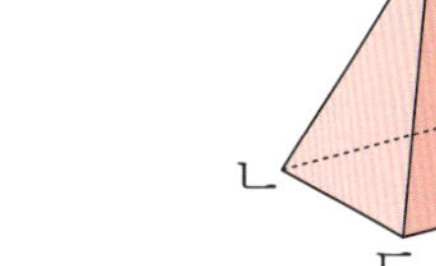

[답] ______________________

10 오른쪽 입체도형은 각뿔이 아닙니다. 각뿔이 아닌 이유를 쓰시오.

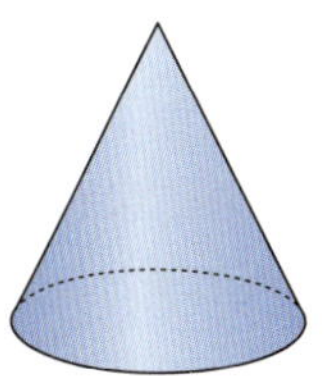

[답] ______________________

____

11 도형을 보고 빈칸에 알맞은 수를 써넣으시오.

도형			
밑면의 변의 수(개)			

12 ㉠~㉣에 들어갈 수가 다른 것의 기호를 쓰시오.

입체도형	꼭짓점의 수(개)	면의 수(개)	모서리의 수(개)
사각기둥	㉠		
오각뿔			㉡
육각기둥		㉢	
칠각뿔	㉣		

[답]

13 밑면과 옆면의 모양이 다음과 같은 입체도형의 꼭짓점은 몇 개입니까?

밑면

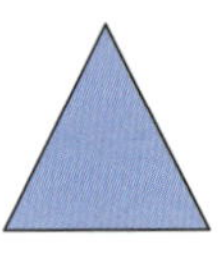
옆면

[답]

14 면이 7개인 각뿔의 밑면의 모양을 찾아 기호를 쓰시오.

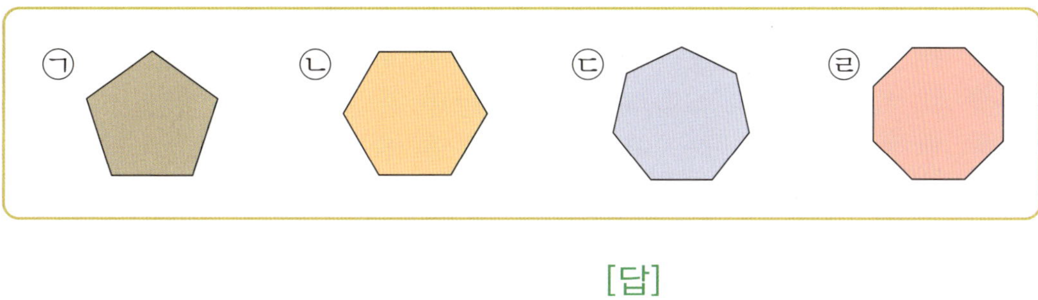

[답] ________________________

15 옆면이 10개인 각기둥의 모서리는 모두 몇 개입니까?

[답] ________________________

16 다음 조건을 모두 만족하는 입체도형의 이름을 쓰시오.

> ㉠ 밑면은 다각형입니다.
> ㉡ 옆면은 이등변삼각형입니다.
> ㉢ 모서리는 모두 30개입니다.
> ㉣ 면의 수와 꼭짓점의 수가 같습니다.

[답] ________________________

17 오른쪽 입체도형과 모서리의 수가 같은 각뿔의 꼭짓점은 몇 개입니까?

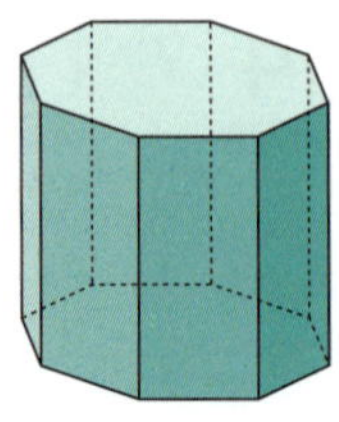

[답] ______________________

18 삼각기둥의 전개도를 찾아 쓰시오.

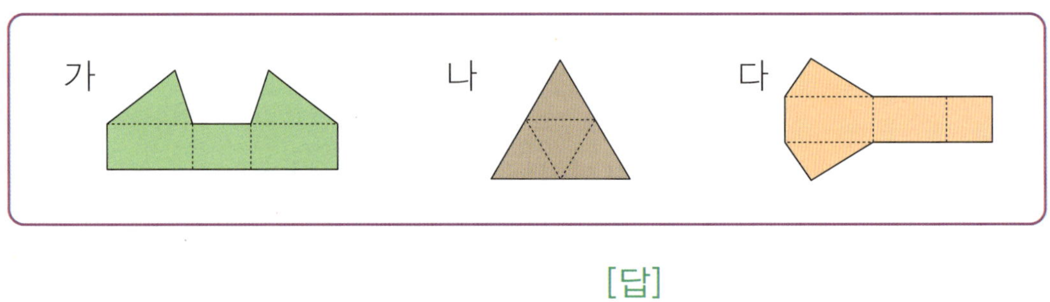

[답] ______________________

 어떤 입체도형의 전개도인지 쓰시오. [19~20]

19

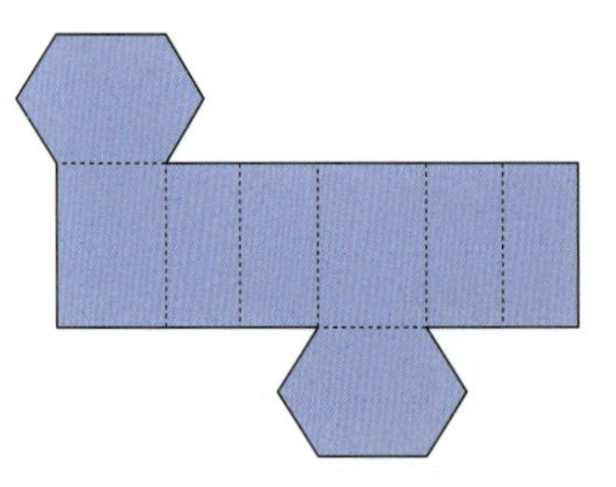

[답] ______________________

20

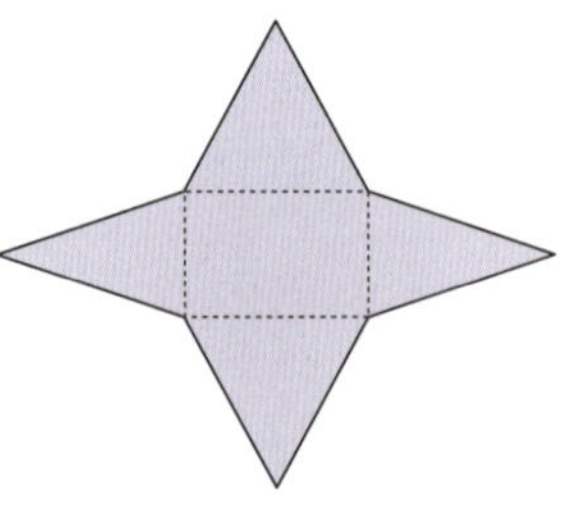

[답] ______________________

확인 학습

21 왼쪽 도형을 보고 전개도를 그린 것입니다. ☐ 안에 알맞은 수를 써넣으시오.

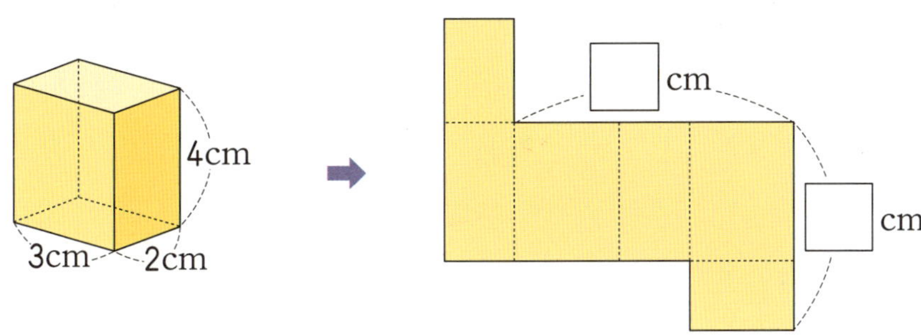

22 왼쪽 도형을 보고 사각뿔의 전개도를 완성하시오.

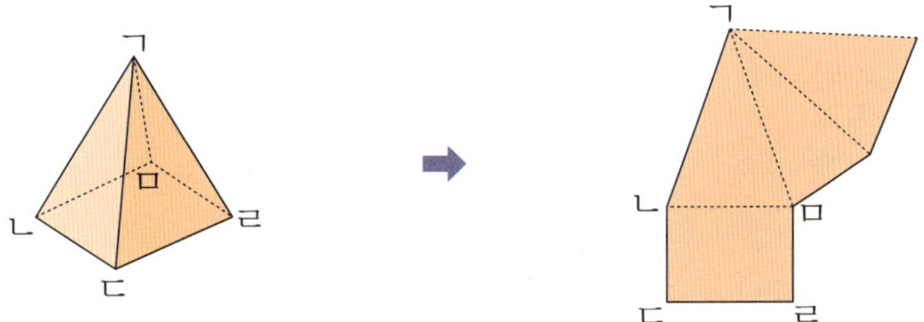

23 오른쪽 그림은 각뿔의 전개도입니다. 점 ㄱ이 각뿔의 꼭짓점일 때, 밑면을 찾아 쓰시오.

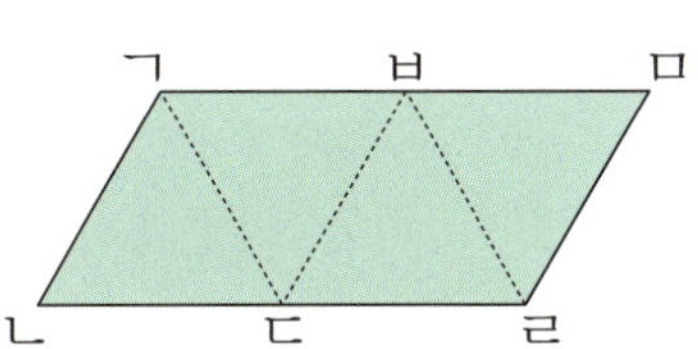

[답] ___________________

24 오른쪽 그림은 밑면이 정다각형인 각뿔을 옆에서 본 모양입니다. 이 각뿔의 모든 모서리의 길이의 합이 72cm일 때, 각뿔의 이름을 쓰시오.

[답] ____________________

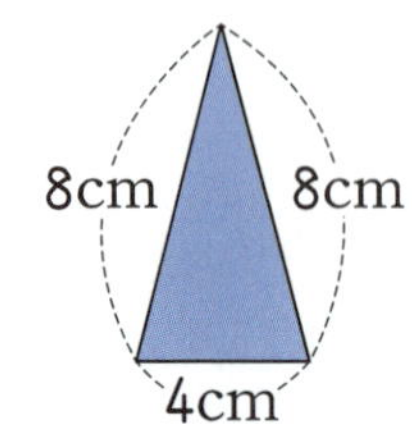

25 다음 삼각뿔의 전개도를 모눈종이에 2가지 방법으로 그리시오.

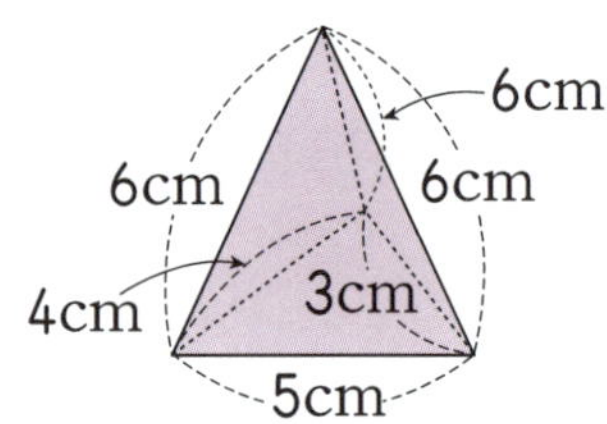

1cm
1cm

☀ 이름 :

☀ 날짜 :

☀ 시간 :　　시　　분 ~ 　시　　분

확인

🌐 창의력 학습

나눗셈을 하고 사다리를 따라가서 만나는 곳에 몫을 써넣으시오.

$8 \div \dfrac{4}{9}$　　$\dfrac{9}{14} \div 1\dfrac{2}{7}$　　$34.8 \div 5.8$　　$197.75 \div 17.5$

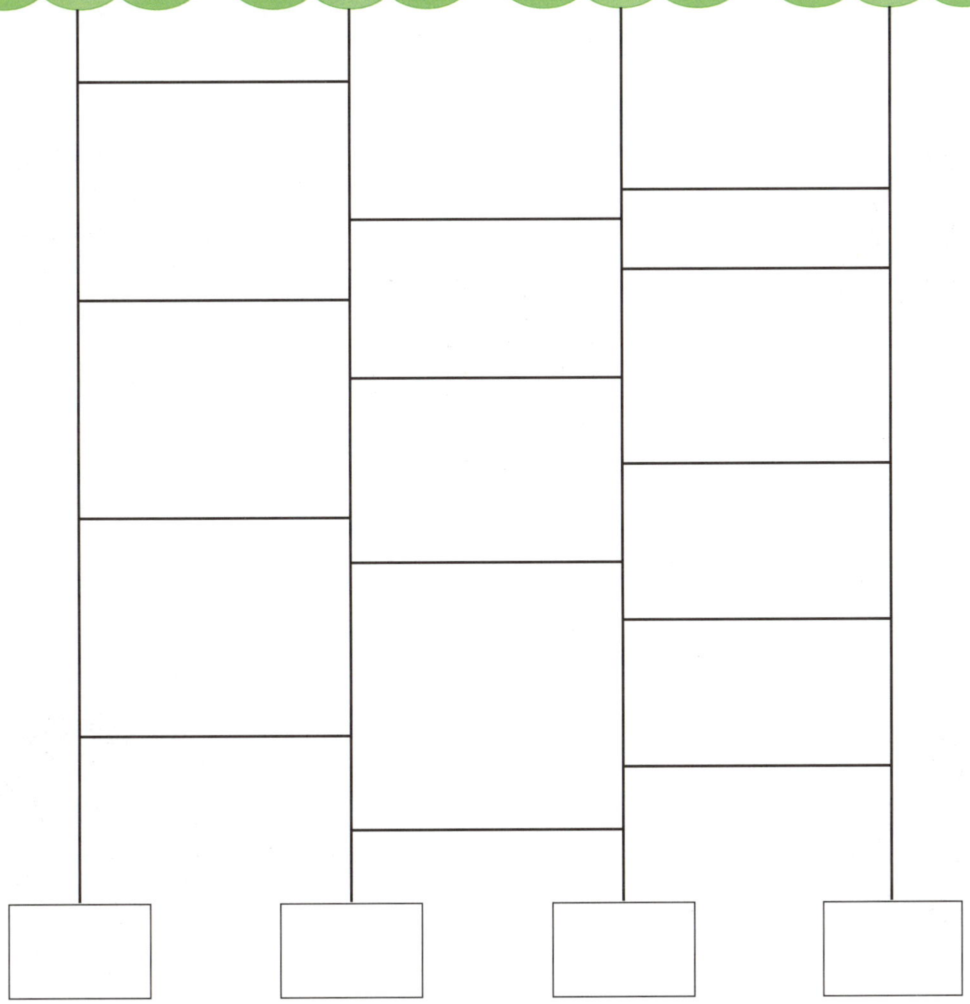

혜수, 영욱, 재신, 소진이는 선물 상자를 보고 각각 전개도를 그렸습니다. 전개도를 바르게 그린 학생은 누구입니까?

혜수

영욱

재신

소진

[답]

창의력 학습

✚ 경시대회 예상문제

1 □ 안에 들어갈 수가 작은 것부터 차례로 기호를 쓰시오.

$$㉠\ \square \div \frac{1}{4} = 36 \qquad ㉡\ \square \div \frac{1}{5} = 30$$

$$㉢\ \square \div \frac{1}{7} = 56 \qquad ㉣\ \square \div \frac{1}{9} = 63$$

[답] ________________________

2 어느 날 낮의 길이는 밤의 길이의 $\frac{9}{11}$ 이었습니다. 이 날의 밤의 길이는 몇 시간 몇 분입니까?

[답] ________________________

3 $100\frac{3}{4}$ L들이의 물탱크에 물이 22L 들어 있습니다. 이 물탱크에 물을 가득 채우려고 민수는 $3\frac{3}{4}$ L들이의 바가지로, 영희는 $2\frac{5}{8}$ L들이의 바가지로 물을 각각 부었습니다. 영희는 민수보다 물을 몇 번 더 부어야 합니까?

[답] ________________________

서술형·논술형

4 오른쪽 사다리꼴의 넓이가 $112\frac{1}{2}$ cm^{2}일 때, 색칠한 부분의 넓이는 몇 cm^{2}인지 풀이 과정을 쓰고 답을 구하시오.

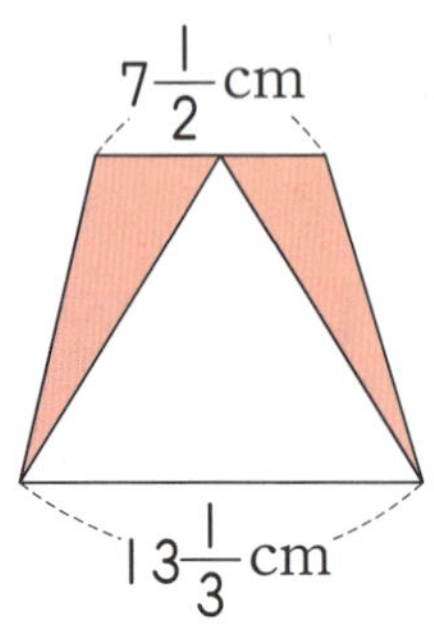

[답]

5 길이가 122.4m인 철사가 있습니다. 이 철사를 모두 사용하여 한 변이 15.3cm인 정다각형 모양의 울타리를 만들려고 합니다. 만들 수 있는 울타리의 모양은 어떤 도형인지 정다각형의 이름을 쓰시오.

[답]

6 민준이와 현아는 길이가 각각 72.6m, 50.64m인 색 테이프를 가지고 있습니다. 이 색 테이프를 민준이는 3.3m씩, 현아는 2.11m씩 각각 잘랐습니다. 누가 자른 조각이 몇 개 더 많습니까?

[답]

7 다음 나눗셈의 몫을 구할 때, 몫의 소수 열째 자리에 해당하는 숫자를 구하시오.

$$61.72 \div 5.4$$

[답]

8 둘레가 **90.8cm**인 직사각형의 가로가 세로보다 **5cm** 길다고 합니다. 이 직사각형의 가로는 세로의 약 몇 배인지 반올림하여 소수 첫째 자리까지 나타내려고 합니다. 풀이 과정을 쓰고 답을 구하시오.

[답]

9 똑같은 음료수 **40개**를 담은 상자의 무게를 재어 보니 **12.5kg**이었습니다. 음료수 **17개**를 덜어낸 후 남은 음료수와 상자의 무게를 재어 보니 **7.19kg**이었습니다. 음료수 한 개의 무게는 약 몇 **kg**인지 반올림하여 소수 둘째 자리까지 나타내시오.

[답]

10 다음을 만족하는 각뿔의 이름을 쓰시오.

> (면의 수) + (모서리의 수) + (꼭짓점의 수) = 34

[답]

11 다음은 어떤 입체도형의 밑면과 옆면입니다. 이 입체도형의 모든 모서리의 길이의 합은 몇 cm입니까?

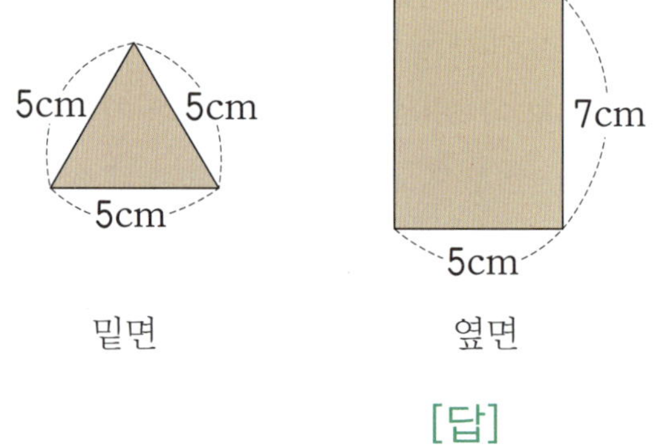

[답]

12 다음은 밑면이 정오각형이고 옆면이 이등변삼각형인 각뿔의 전개도입니다. 이 전개도를 접었을 때 만들어지는 각뿔의 모든 모서리의 길이의 합이 110cm일 때, 전개도의 둘레는 몇 cm입니까?

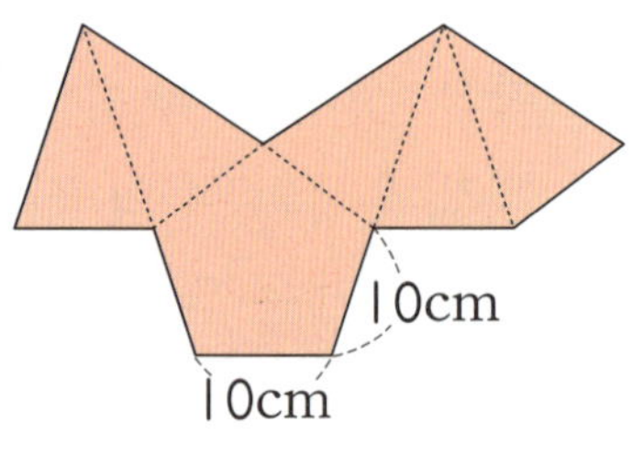

[답]

1 그림을 보고 ☐ 안에 알맞은 수를 써넣으시오.

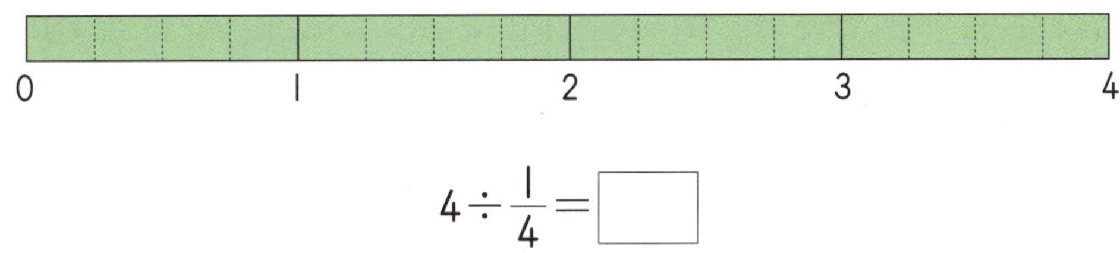

$$4 \div \frac{1}{4} = \boxed{}$$

2 계산 결과가 다른 하나를 찾아 기호를 쓰시오.

$$\text{㉠ } 15 \div \frac{1}{2} \quad \text{㉡ } 6 \div \frac{1}{5} \quad \text{㉢ } 4 \div \frac{1}{9} \quad \text{㉣ } 3 \div \frac{1}{10}$$

[답] ____________________

3 빈칸에 알맞은 수를 써넣으시오.

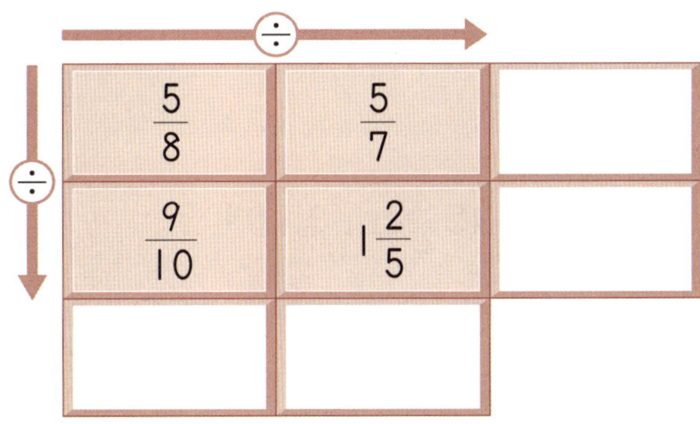

4 $\square$ 안에 알맞은 수를 써넣으시오.

$$9\frac{1}{6} \div \boxed{} = 1\frac{1}{3}$$

5 굵기가 일정한 철근 $3\frac{5}{9}$ m의 무게는 24kg입니다. 이 철근 1m의 무게는 몇 kg입니까?

[답]

6 어떤 수를 $2\frac{5}{8}$ 로 나누어야 할 것을 잘못하여 곱했더니 $16\frac{1}{3}$ 이 되었습니다. 바르게 계산하면 얼마입니까?

[답]

7 오른쪽 삼각형의 넓이는 $15\frac{3}{4}$ cm²입니다. $\square$ 안에 들어갈 수를 구하시오.

[답]

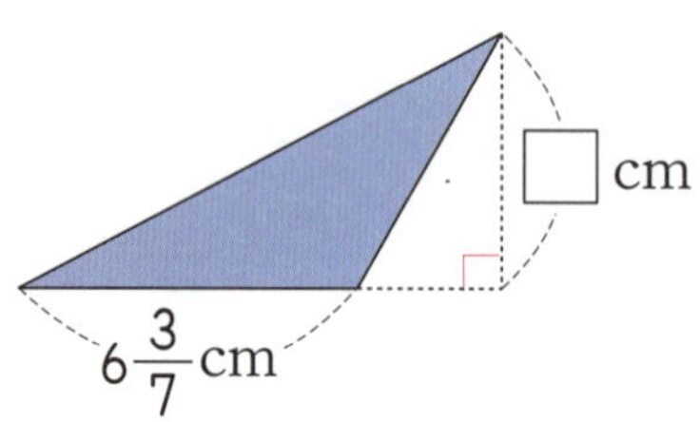

8 나눗셈의 몫이 서로 같은 것끼리 선으로 이으시오.

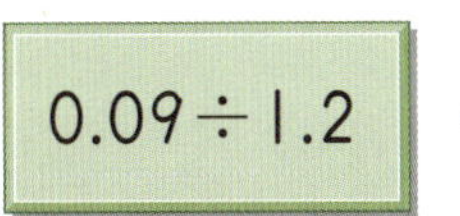

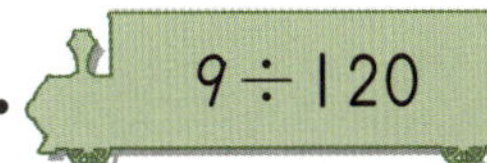

9 상자 ㉮의 무게는 상자 ㉯의 무게의 1.24배입니다. 상자 ㉮의 무게가 35.836kg일 때, 상자 ㉯의 무게는 몇 kg입니까?

[답]

10 □ 안에 들어갈 수가 더 큰 것의 기호를 쓰시오.

$$㉠\ \square \times 12.7 = 762 \qquad ㉡\ \square \times 3.54 = 230.1$$

[답]

11 2.4L들이의 음료수가 7병 있습니다. 이 음료수를 0.35L씩 컵에 나누어 담으려고 합니다. 컵은 몇 개 필요합니까?

[답]

12 우혁이는 15km를 2시간 15분 만에 완주하였습니다. 우혁이가 같은 빠르기로 달렸을 때, 한 시간 동안 달린 거리는 약 몇 km인지 소수 둘째 자리에서 반올림하여 구하시오.

[답]

13 어떤 수를 1.91로 나누었더니 몫이 2.6이고, 나머지가 0.013이었습니다. 어떤 수를 1.91로 나눈 몫을 반올림하여 소수 둘째 자리까지 나타내시오.

[답]

14 똑같은 음료수 24개를 담은 상자의 무게를 재어 보니 10.85kg이었습니다. 음료수 15개가 팔린 후 남은 음료수와 상자의 무게를 재어 보니 4.73kg이었습니다. 음료수 한 개의 무게는 몇 kg입니까?

[답]

15 ☐ 안에 알맞은 말을 써넣으시오.

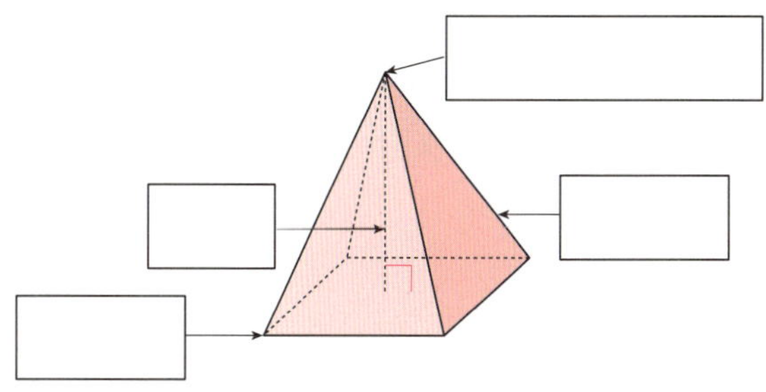

16 입체도형 가, 나에 대한 설명으로 옳지 않은 것을 찾아 기호를 쓰시오.

가

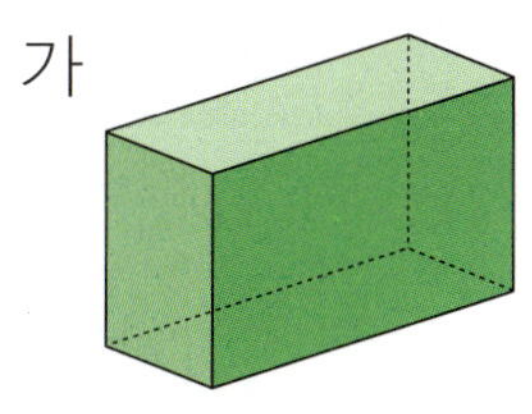

나

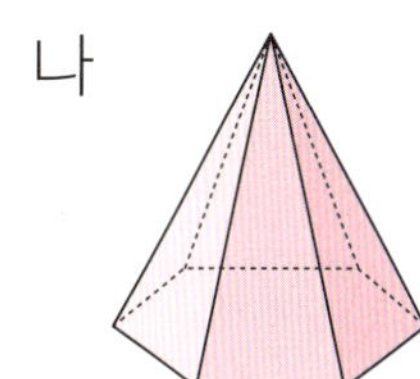

> ㉠ 가는 사각기둥이고, 나는 육각뿔입니다.
> ㉡ 가와 나의 모서리의 수는 같습니다.
> ㉢ 가의 면의 수가 나의 면의 수보다 1개 많습니다.
> ㉣ 옆면의 모양이 가는 직사각형, 나는 삼각형입니다.

[답] ____________________

17 밑면의 모양이 오른쪽과 같은 각뿔의 꼭짓점은 몇 개입니까?

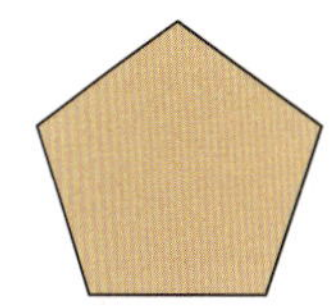

[답] ____________________

18 모서리의 길이가 모두 같은 육각기둥이 있습니다. 이 육각기둥의 모든 모
서리의 길이의 합이 162cm일 때, 한 모서리의 길이는 몇 cm입니까?

[답]

19 어떤 입체도형의 전개도인지 쓰시오.

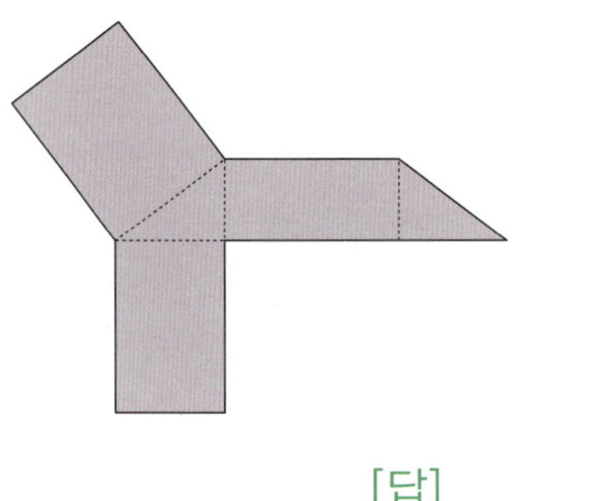

[답]

20 밑면이 직사각형이고 옆면이 이등변삼각형인 각뿔을 보고 전개도를 그린
것입니다. 전개도의 둘레가 42cm일 때, ☐ 안에 알맞은 수를 써넣으시오.

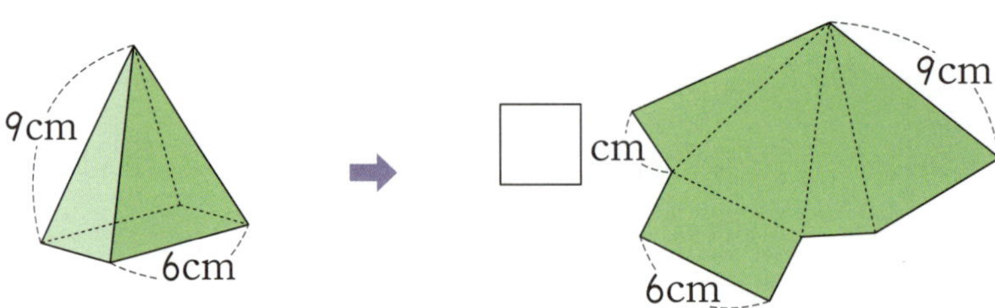

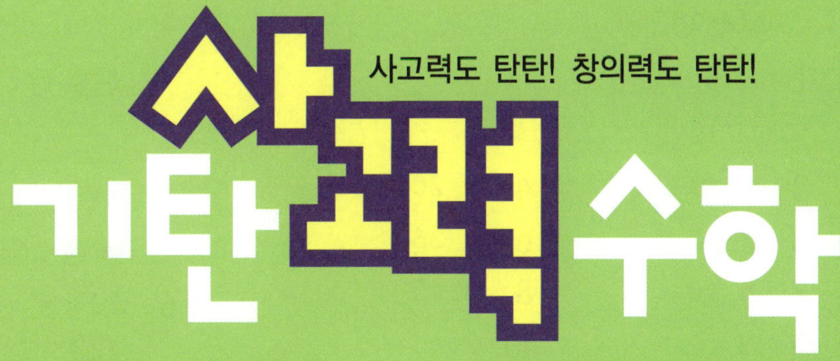

사고력도 탄탄! 창의력도 탄탄!
사고력 기탄교력 수학
해답

J1a~J60b

해답은 따로 보관하고 있다가
채점할 때 사용해 주세요.

1a~1b

1 (1) 5번 (2) 5

2 (1) 12번 (2) 12 (3) 4

3 2, 10 **4** 5, 20

5 7, 42 **6** 4, 36

7 6, 60 **8** 3, 45

9 8 **10** 21

11 48 **12** 60

2a~2b

1 ( ) ( ) (○)

풀이 $8 \div \dfrac{1}{9} = 8 \times 9 = 72$

$6 \div \dfrac{1}{12} = 6 \times 12 = 72$

$10 \div \dfrac{1}{7} = 10 \times 7 = 70$

2 $>$

풀이 $9 \div \dfrac{1}{5} = 9 \times 5 = 45$

$7 \div \dfrac{1}{6} = 7 \times 6 = 42$

➡ $45 > 42$

3 ㉡, ㉣, ㉢, ㉠

풀이 ㉠ $7 \div \dfrac{1}{8} = 7 \times 8 = 56$

㉡ $9 \div \dfrac{1}{9} = 9 \times 9 = 81$

㉢ $14 \div \dfrac{1}{5} = 14 \times 5 = 70$

㉣ $18 \div \dfrac{1}{4} = 18 \times 4 = 72$

➡ ㉡ $>$ ㉣ $>$ ㉢ $>$ ㉠

4 12, 96

풀이 $4 \div \dfrac{1}{3} = 4 \times 3 = 12$

$12 \div \dfrac{1}{8} = 12 \times 8 = 96$

5 ㉠

풀이 ㉠ $\square \div \dfrac{1}{8} = 32$, $\square \times 8 = 32$,

$\square = 4$

㉡ $\square \div \dfrac{1}{5} = 30$, $\square \times 5 = 30$, $\square = 6$

➡ ㉠ $<$ ㉡

6 30도막

풀이 (철사의 도막 수)

$= 6 \div \dfrac{1}{5} = 6 \times 5 = 30$(도막)

3a~3b

1 (1) 3번 (2) 3 **2** 8, 2, 8, 2, 4

3 3, 1, 3 **4** 5, 1, 5

5 6, 3, 2 **6** 20, 4, 5

7 9, 7, $\dfrac{9}{7}$, $1\dfrac{2}{7}$

8 2 **9** 3

10 $1\dfrac{2}{3}$ **11** $2\dfrac{1}{4}$

4a~4b

1

풀이 $\dfrac{5}{9} \div \dfrac{4}{9} = 5 \div 4 = \dfrac{5}{4} = 1\dfrac{1}{4}$

$\dfrac{6}{7} \div \dfrac{2}{7} = 6 \div 2 = 3$

2 (위에서부터) 7, 2

풀이 $\dfrac{14}{15} \div \dfrac{2}{15} = 14 \div 2 = 7$

$\dfrac{14}{15} \div \dfrac{7}{15} = 14 \div 7 = 2$

3 ㉠

풀이 ㉠ $\dfrac{7}{8} \div \dfrac{5}{8} = 7 \div 5 = \dfrac{7}{5} = 1\dfrac{2}{5}$

㉡ $\dfrac{2}{3} \div \dfrac{1}{3} = 2 \div 1 = 2$

㉢ $\dfrac{9}{10} \div \dfrac{3}{10} = 9 \div 3 = 3$

㉣ $\dfrac{5}{7} \div \dfrac{2}{7} = 5 \div 2 = \dfrac{5}{2} = 2\dfrac{1}{2}$

➡ ㉠ < ㉡ < ㉣ < ㉢

4 2, 3

풀이 $\dfrac{5}{8} \div \dfrac{3}{8} = 5 \div 3 = \dfrac{5}{3} = 1\dfrac{2}{3}$

$\dfrac{16}{20} \div \dfrac{4}{20} = 16 \div 4 = 4$

따라서 $1\dfrac{2}{3} < \square < 4$ 이므로 $\square$ 안에 들어
갈 수 있는 자연수는 2, 3입니다.

5 5개   **6** 3도막

5a~5b

1 $5, 5, 8, 8, 15, 16, 15, 16, \dfrac{15}{16}$

2 $6, 5, \dfrac{6}{5}, 1\dfrac{1}{5}$

3 $12, 35, \dfrac{12}{35}$

4 $40, 63, \dfrac{40}{63}$

5 $3, 7, 3, 7, 2, 7, 3, 1, \dfrac{6}{7}$

풀이 $\dfrac{4}{7} \div \dfrac{2}{3} = \dfrac{4 \times 3}{7 \times 3} \div \dfrac{2 \times 7}{3 \times 7}$

$= \dfrac{4 \times 3}{2 \times 7} = \dfrac{4}{7} \times \dfrac{3}{2}$

$= \dfrac{6}{7}$

---

6 $9, 4, 9, 4, 4, 9, \dfrac{27}{28}$

풀이 $\dfrac{3}{4} \div \dfrac{7}{9} = \dfrac{3 \times 9}{4 \times 9} \div \dfrac{7 \times 4}{9 \times 4}$

$= \dfrac{3 \times 9}{7 \times 4} = \dfrac{3}{4} \times \dfrac{9}{7}$

$= \dfrac{27}{28}$

7 $\dfrac{5}{8} \div \dfrac{3}{4} = \dfrac{5}{8} \times \dfrac{4}{3} = \dfrac{5}{6}$

8 $\dfrac{9}{10} \div \dfrac{5}{6} = \dfrac{9}{10} \times \dfrac{6}{5} = \dfrac{27}{25} = 1\dfrac{2}{25}$

6a~6b

1 ㉠, ㉢

풀이 ㉠ $\dfrac{2}{5} \div \dfrac{3}{10} = \dfrac{2}{5} \times \dfrac{10}{3} = \dfrac{4}{3} = 1\dfrac{1}{3}$

㉡ $\dfrac{2}{3} \div \dfrac{4}{5} = \dfrac{2}{3} \times \dfrac{5}{4} = \dfrac{5}{6}$

㉢ $\dfrac{5}{6} \div \dfrac{3}{7} = \dfrac{5}{6} \times \dfrac{7}{3} = \dfrac{35}{18} = 1\dfrac{17}{18}$

㉣ $\dfrac{5}{12} \div \dfrac{5}{8} = \dfrac{5}{12} \times \dfrac{8}{5} = \dfrac{2}{3}$

따라서 계산 결과가 1보다 큰 것은 ㉠, ㉢
입니다.

2 $\dfrac{24}{35}, 1\dfrac{3}{7}$

풀이 $\dfrac{3}{7} \div \dfrac{5}{8} = \dfrac{3}{7} \times \dfrac{8}{5} = \dfrac{24}{35}$

$\dfrac{24}{35} \div \dfrac{12}{25} = \dfrac{24}{35} \times \dfrac{25}{12} = \dfrac{10}{7} = 1\dfrac{3}{7}$

3 $>$

풀이 $\dfrac{15}{16} \div \dfrac{3}{10} = \dfrac{15}{16} \times \dfrac{10}{3} = \dfrac{25}{8} = 3\dfrac{1}{8}$

$\dfrac{4}{9} \div \dfrac{11}{18} = \dfrac{4}{9} \times \dfrac{18}{11} = \dfrac{8}{11}$

➡ $3\dfrac{1}{8} > \dfrac{8}{11}$

4 $\dfrac{20}{21}$ cm

풀이 (직사각형의 가로)

$= \dfrac{24}{35} \div \dfrac{18}{25} = \dfrac{24}{35} \times \dfrac{25}{18} = \dfrac{20}{21}$ (cm)

5 6명

풀이 (나누어 줄 수 있는 사람 수)

$= \dfrac{4}{5} \div \dfrac{2}{15} = \dfrac{4}{5} \times \dfrac{15}{2} = 6$ (명)

6 $\dfrac{14}{15}$ 배

풀이 (빨간 구슬의 무게)
÷ (파란 구슬의 무게)

$= \dfrac{7}{10} \div \dfrac{3}{4} = \dfrac{7}{10} \times \dfrac{4}{3} = \dfrac{14}{15}$ (배)

7a~7b

1 (1) $3,\ 3,\ 3,\ 9,\ 4\dfrac{1}{2}$　(2) $3,\ 9,\ 4\dfrac{1}{2}$

2 $48,\ 48,\ 48,\ 9\dfrac{3}{5}$

3 $63,\ 63,\ 21$

4 $\dfrac{5}{4},\ 10$　　　**5** $\dfrac{9}{7},\ \dfrac{45}{7},\ 6\dfrac{3}{7}$

6 $6\dfrac{2}{3}$　　　　**7** $8\dfrac{2}{5}$

8 16　　　　**9** $13\dfrac{1}{2}$

10 21　　　　**11** $27\dfrac{1}{2}$

8a~8b

1 ㉢

풀이 ㉠ $12 \div \dfrac{6}{11} = 12 \times \dfrac{11}{6} = 22$

㉡ $8 \div \dfrac{8}{15} = 8 \times \dfrac{15}{8} = 15$

㉢ $5 \div \dfrac{10}{21} = 5 \times \dfrac{21}{10} = \dfrac{21}{2} = 10\dfrac{1}{2}$

㉣ $52 \div \dfrac{4}{9} = 52 \times \dfrac{9}{4} = 117$

따라서 계산 결과가 자연수가 아닌 것은 ㉢입니다.

2 $11\dfrac{1}{4},\ 24$

풀이 $10 \div \dfrac{8}{9} = 10 \times \dfrac{9}{8} = \dfrac{45}{4} = 11\dfrac{1}{4}$

$15 \div \dfrac{5}{8} = 15 \times \dfrac{8}{5} = 24$

3 $3,\ 2,\ 1$

풀이 $21 \div \dfrac{7}{12} = 21 \times \dfrac{12}{7} = 36$

$36 \div \dfrac{9}{10} = 36 \times \dfrac{10}{9} = 40$

$14 \div \dfrac{2}{7} = 14 \times \dfrac{7}{2} = 49$

4 10개

풀이 $10 \div \dfrac{2}{3} = 10 \times \dfrac{3}{2} = 15$

$$18 \div \frac{12}{17} = 18 \times \frac{17}{\cancel{12}_{2}} = \frac{51}{2} = 25\frac{1}{2}$$

따라서 $15 < \square < 25\frac{1}{2}$ 이므로 $\square$ 안에 들어갈 수 있는 자연수는 16, 17, 18, 19, 20, 21, 22, 23, 24, 25로 모두 10개입니다.

5 25도막　　**6** 60개

7 50봉지

풀이 $45 \div \dfrac{9}{10} = 45 \times \dfrac{10}{\cancel{9}} = 50$

따라서 땅콩을 한 봉지에 $\dfrac{9}{10}$ kg씩 담으면 50봉지가 됩니다.

9a~9b

1 (1) 5, 20, 20, $6\frac{2}{3}$

　　(2) 5, 5, 1, 4, 20, $6\frac{2}{3}$

2 (1) 7, 13, 21, 26, $\dfrac{21}{26}$

　　(2) 7, 13, 7, 13, 42, 26

　　(3) 7, 13, 7, 2, 3, 13, $\dfrac{21}{26}$

3 $2\frac{2}{5} \div \frac{8}{9} = \frac{12}{5} \div \frac{8}{9} = \frac{12}{5} \times \frac{9}{\cancel{8}_{2}}$

$\qquad = \dfrac{27}{10} = 2\dfrac{7}{10}$

4 $3\frac{3}{4} \div 1\frac{4}{5} = \frac{15}{4} \div \frac{9}{5} = \frac{15}{4} \times \frac{5}{\cancel{9}_{3}}$

$\qquad = \dfrac{25}{12} = 2\dfrac{1}{12}$

5 $4\frac{7}{12}$　　　　**6** $\dfrac{18}{25}$

10a~10b

1

$$4\frac{1}{6} \div 1\frac{1}{9} = \frac{25}{6} \div \frac{10}{9} = \frac{25}{\cancel{6}_{2}} \times \frac{\cancel{9}_{3}}{\cancel{10}_{2}}$$

$$= \frac{15}{4} = 3\frac{3}{4}$$

$$3\frac{3}{4} \div 2\frac{1}{2} = \frac{15}{4} \div \frac{5}{2} = \frac{15}{\cancel{4}_{2}} \times \frac{\cancel{2}}{\cancel{5}}$$

$$= \frac{3}{2} = 1\frac{1}{2}$$

$$2\frac{2}{7} \div \frac{10}{21} = \frac{16}{7} \div \frac{10}{21} = \frac{\cancel{16}_{8}}{\cancel{7}} \times \frac{\cancel{21}_{3}}{\cancel{10}_{5}}$$

$$= \frac{24}{5} = 4\frac{4}{5}$$

$$1\frac{1}{8} \div \frac{3}{4} = \frac{9}{8} \div \frac{3}{4} = \frac{\cancel{9}_{3}}{\cancel{8}_{2}} \times \frac{\cancel{4}}{\cancel{3}} = \frac{3}{2} = 1\frac{1}{2}$$

$$2\frac{5}{8} \div \frac{7}{10} = \frac{21}{8} \div \frac{7}{10} = \frac{21}{\cancel{8}_{4}} \times \frac{\cancel{10}_{5}}{\cancel{7}}$$

$$= \frac{15}{4} = 3\frac{3}{4}$$

2 ㉢

풀이 ㉠ $3\frac{5}{9} \div \frac{8}{9} = \frac{\cancel{32}_{4}}{\cancel{9}} \times \frac{\cancel{9}}{\cancel{8}} = 4$

㉡ $3\frac{1}{8} \div 1\frac{9}{16} = \frac{25}{8} \div \frac{25}{16}$

$\qquad = \frac{\cancel{25}}{\cancel{8}} \times \frac{\cancel{16}_{2}}{\cancel{25}} = 2$

㉢ $8\frac{2}{5} \div 4\frac{3}{10} = \frac{42}{5} \div \frac{43}{10} = \frac{42}{\cancel{5}} \times \frac{\cancel{10}_{2}}{43}$

$\qquad = \frac{84}{43} = 1\frac{41}{43}$

㉣ $6\dfrac{3}{7} \div \dfrac{9}{14} = \dfrac{45}{7} \div \dfrac{9}{14} = \dfrac{45}{7} \times \dfrac{14}{9}$

$\qquad\qquad = 10$

따라서 계산 결과가 자연수가 아닌 것은 ㉢입니다.

3 $>$

풀이 $3\dfrac{3}{5} \div 2\dfrac{4}{7} = \dfrac{18}{5} \div \dfrac{18}{7} = \dfrac{18}{5} \times \dfrac{7}{18}$

$\qquad\qquad = \dfrac{7}{5} = 1\dfrac{2}{5}$

$6\dfrac{1}{4} \div 5\dfrac{5}{6} = \dfrac{25}{4} \div \dfrac{35}{6} = \dfrac{25}{4} \times \dfrac{6}{35}$

$\qquad\qquad = \dfrac{15}{14} = 1\dfrac{1}{14}$

$1\dfrac{2}{5} = 1\dfrac{28}{70}$, $1\dfrac{1}{14} = 1\dfrac{5}{70}$ 이므로

$1\dfrac{2}{5} > 1\dfrac{1}{14}$ 입니다.

4 (위에서부터) $1\dfrac{2}{9}$ / $4\dfrac{1}{6}$ / $1\dfrac{13}{15}$, $6\dfrac{4}{11}$

풀이 $5\dfrac{4}{9} \div 4\dfrac{5}{11} = \dfrac{49}{9} \div \dfrac{49}{11} = \dfrac{49}{9} \times \dfrac{11}{49}$

$\qquad\qquad = \dfrac{11}{9} = 1\dfrac{2}{9}$

$2\dfrac{11}{12} \div \dfrac{7}{10} = \dfrac{35}{12} \div \dfrac{7}{10} = \dfrac{35}{12} \times \dfrac{10}{7}$

$\qquad\qquad = \dfrac{25}{6} = 4\dfrac{1}{6}$

$5\dfrac{4}{9} \div 2\dfrac{11}{12} = \dfrac{49}{9} \div \dfrac{35}{12} = \dfrac{49}{9} \times \dfrac{12}{35}$

$\qquad\qquad = \dfrac{28}{15} = 1\dfrac{13}{15}$

$4\dfrac{5}{11} \div \dfrac{7}{10} = \dfrac{49}{11} \div \dfrac{7}{10} = \dfrac{49}{11} \times \dfrac{10}{7}$

$\qquad\qquad = \dfrac{70}{11} = 6\dfrac{4}{11}$

5 12개

풀이 (필요한 접시의 수)

$= 3\dfrac{3}{4} \div \dfrac{5}{16} = \dfrac{15}{4} \div \dfrac{5}{16} = \dfrac{15}{4} \times \dfrac{16}{5}$

$\qquad = 12$(개)

6 $2\dfrac{1}{10}$ 배

풀이 (참기름의 양)÷(간장의 양)

$= 7\dfrac{1}{5} \div 3\dfrac{3}{7} = \dfrac{36}{5} \div \dfrac{24}{7} = \dfrac{36}{5} \times \dfrac{7}{24}$

$\qquad = \dfrac{21}{10} = 2\dfrac{1}{10}$ (배)

11a~11b

1 $40 \div \dfrac{1}{2} = 80$, 80cm

2 $\dfrac{4}{5} \div \dfrac{2}{15} = 6$, 6개

3 $6\dfrac{1}{4} \div \dfrac{5}{8} = 10$, 10명

4 $6 \div \dfrac{5}{8} = 9\dfrac{3}{5}$, $9\dfrac{3}{5}$m

5 $9\dfrac{1}{3} \div \dfrac{7}{9} = 12$, 12개

6 $8\dfrac{2}{5} \div 3\dfrac{3}{8} = 2\dfrac{22}{45}$, $2\dfrac{22}{45}$ 배

12a~12b

1 $1\dfrac{1}{14}$ kg

풀이 (통나무 1m의 무게)

$= \dfrac{15}{16} \div \dfrac{7}{8} = \dfrac{15}{16} \times \dfrac{8}{7} = \dfrac{15}{14} = 1\dfrac{1}{14}$ (kg)

2 $2\dfrac{1}{2}$ 배

풀이 $1\dfrac{7}{8} \div \dfrac{3}{4} = \dfrac{15}{8} \div \dfrac{3}{4} = \dfrac{15}{8} \times \dfrac{4}{3}$

$= \dfrac{5}{2} = 2\dfrac{1}{2}$ (배)

3 $18\dfrac{8}{9}$ L

풀이 (필요한 휘발유의 양)

$= 289 \div 15\dfrac{3}{10} = 289 \div \dfrac{153}{10}$

$= 289 \times \dfrac{10}{153} = \dfrac{170}{9} = 18\dfrac{8}{9}$ (L)

4 24번

풀이 $100 \div 4\dfrac{1}{6} = 100 \div \dfrac{25}{6}$

$= 100 \times \dfrac{6}{25} = 24$ (번)

5 $28\dfrac{1}{8}$ kg

풀이 (상우의 몸무게)

$= 50\dfrac{5}{8} \div 1\dfrac{4}{5} = \dfrac{405}{8} \div \dfrac{9}{5} = \dfrac{405}{8} \times \dfrac{5}{9}$

$= \dfrac{225}{8} = 28\dfrac{1}{8}$ (kg)

6 $7\dfrac{5}{16}$ 분

풀이 (수도꼭지에서 1분 동안 나온 물의 양)

$= 10\dfrac{2}{3} \div 3\dfrac{3}{4} = \dfrac{32}{3} \div \dfrac{15}{4} = \dfrac{32}{3} \times \dfrac{4}{15}$

$= \dfrac{128}{45} = 2\dfrac{38}{45}$ (L)

(물이 $20\dfrac{4}{5}$ L 나오는 데 걸리는 시간)

$= 20\dfrac{4}{5} \div 2\dfrac{38}{45} = \dfrac{104}{5} \div \dfrac{128}{45}$

$= \dfrac{104}{5} \times \dfrac{45}{128} = \dfrac{117}{16} = 7\dfrac{5}{16}$ (분)

---

a 42도막

풀이 (도막 수) $= 10 \div \dfrac{5}{7} \times 3$

$= 10 \times \dfrac{7}{5} \times 3$

$= 42$ (도막)

b $108\dfrac{1}{3}$ cm^2

풀이 색칠된 종이의 넓이의 합은 전체의

$\dfrac{12}{25}$ 이므로

(이어 붙인 전체 종이의 넓이)

$= 52 \div \dfrac{12}{25} = 52 \times \dfrac{25}{12}$

$= \dfrac{325}{3} = 108\dfrac{1}{3}$ (cm^2)

---

1 ㉣

풀이 ㉠ $\square \div \dfrac{1}{3} = 21$, $\square \times 3 = 21$,

$\square = 7$

㉡ $14 \div \dfrac{1}{\square} = 28$, $14 \times \square = 28$, $\square = 2$

㉢ $\square \div \dfrac{1}{7} = 35$, $\square \times 7 = 35$, $\square = 5$

㉣ $6 \div \dfrac{1}{\square} = 54$, $6 \times \square = 54$, $\square = 9$

➡ ㉣ > ㉠ > ㉢ > ㉡

2 2, 3

풀이 $9 \div \dfrac{3}{8} = 9 \times \dfrac{8}{3} = 24$ 이므로

$6 \div \dfrac{1}{\square} < 24$ 입니다.

따라서 $6 \times \square < 24$ 이므로 $\square$ 안에 들어갈 수 있는 1보다 큰 자연수는 2, 3입니다.

3 48개

풀이 (5일 동안 일한 시간)
$=5\times8=40$(시간)
(40시간 동안 만든 장난감 수)
$=40\div\dfrac{5}{6}=\overset{8}{40}\times\dfrac{6}{5}=48$(개)

4 $6\dfrac{18}{25}$kg

풀이 (나무 1m의 무게)
$=8\div6\dfrac{2}{3}=8\div\dfrac{20}{3}=\overset{2}{8}\times\dfrac{3}{20}$

$=\dfrac{6}{5}=1\dfrac{1}{5}$(kg)

(나무 $5\dfrac{3}{5}$m의 무게)

$=1\dfrac{1}{5}\times5\dfrac{3}{5}=\dfrac{6}{5}\times\dfrac{28}{5}$

$=\dfrac{168}{25}=6\dfrac{18}{25}$(kg)

5 $\dfrac{4}{5}$

풀이 어떤 수를 □라고 하면

$\square\times3\dfrac{3}{4}=11\dfrac{1}{4}$

$\square=11\dfrac{1}{4}\div3\dfrac{3}{4}=\dfrac{45}{4}\div\dfrac{15}{4}$

$=\dfrac{45}{4}\times\dfrac{4}{15}=3$

어떤 수는 3이므로 바르게 계산하면

$3\div3\dfrac{3}{4}=3\div\dfrac{15}{4}=3\times\dfrac{4}{15}=\dfrac{4}{5}$

6 남은 색종이는 전체의 $1-\dfrac{3}{5}=\dfrac{2}{5}$이므로
진우가 처음에 가지고 있던 색종이는
$24\div\dfrac{2}{5}=\overset{12}{24}\times\dfrac{5}{2}=60$(장)입니다.

[답] 60장

평가 기준	
상	남은 색종이는 전체의 얼마인지 알고 답을 바르게 구한 경우
중	남은 색종이는 전체의 얼마인지 알았으나 답을 구하지 못한 경우
하	풀이 과정과 답을 구하지 못한 경우

7 16번

풀이 (물탱크에 더 채워야 할 물의 양)
$=89\dfrac{1}{7}-16=73\dfrac{1}{7}$(L)

(물을 더 부어야 할 횟수)
$=73\dfrac{1}{7}\div4\dfrac{4}{7}=\dfrac{512}{7}\div\dfrac{32}{7}$

$=\dfrac{\overset{16}{512}}{7}\times\dfrac{7}{32}=16$(번)

8 2시간 10분

풀이 (자동차가 1분 동안 가는 거리)
$=28\dfrac{4}{5}\div20=\dfrac{\overset{36}{144}}{5}\times\dfrac{1}{20}$

$=\dfrac{36}{25}=1\dfrac{11}{25}$(km)

➡ $187\dfrac{1}{5}\div1\dfrac{11}{25}=\dfrac{936}{5}\div\dfrac{36}{25}$

$=\dfrac{\overset{26}{936}}{5}\times\dfrac{\overset{5}{25}}{36}=130$(분)

따라서 자동차는 130분, 즉 2시간 10분 동안 달린 것입니다.

9 $3\dfrac{3}{4}$

풀이 (삼각형의 넓이)$=6\dfrac{4}{5}\times\square\div2$

$=12\dfrac{3}{4}$

$\square=12\dfrac{3}{4}\times2\div6\dfrac{4}{5}=\dfrac{51}{4}\times2\div\dfrac{34}{5}$

$=\dfrac{\overset{3}{51}}{4}\times\overset{1}{2}\times\dfrac{5}{\underset{2}{34}}=\dfrac{15}{4}=3\dfrac{3}{4}$

10 $5\dfrac{1}{35}$ 배

풀이 ㉠ $24\dfrac{1}{5} \div \dfrac{3}{4} \div 1\dfrac{3}{8}$

$= \dfrac{121}{5} \div \dfrac{3}{4} \div \dfrac{11}{8}$

$= \dfrac{121}{5} \times \dfrac{4}{3} \times \dfrac{8}{11}$

$= \dfrac{352}{15} = 23\dfrac{7}{15}$

㉡ $9 \div 2\dfrac{1}{7} \div \dfrac{9}{10}$

$= 9 \div \dfrac{15}{7} \div \dfrac{9}{10}$

$= 9 \times \dfrac{7}{15} \times \dfrac{10}{9}$

$= \dfrac{14}{3} = 4\dfrac{2}{3}$

➡ ㉠ ÷ ㉡ $= 23\dfrac{7}{15} \div 4\dfrac{2}{3} = \dfrac{352}{15} \div \dfrac{14}{3}$

$= \dfrac{352}{15} \times \dfrac{3}{14} = \dfrac{176}{35}$

$= 5\dfrac{1}{35}$ (배)

11 10개

풀이 $20\dfrac{2}{3} \div 4\dfrac{2}{7} \div 1\dfrac{5}{9}$

$= \dfrac{62}{3} \div \dfrac{30}{7} \div \dfrac{14}{9} = \dfrac{62}{3} \times \dfrac{7}{30} \times \dfrac{9}{14}$

$= \dfrac{31}{10} = 3\dfrac{1}{10}$

$12\dfrac{1}{4} \div 1\dfrac{2}{5} \div \dfrac{5}{8} = \dfrac{49}{4} \div \dfrac{7}{5} \div \dfrac{5}{8}$

$= \dfrac{49}{4} \times \dfrac{5}{7} \times \dfrac{8}{5}$

$= 14$

따라서 $3\dfrac{1}{10} < \square < 14$ 이므로 $\square$ 안에 들어갈 수 있는 자연수는 4, 5, 6, 7, 8, 9, 10, 11, 12, 13으로 모두 10개입니다.

12 (사다리꼴의 넓이)

$= \left(4\dfrac{1}{4} + 8\dfrac{1}{8}\right) \times 5\dfrac{9}{11} \div 2$

$= \left(4\dfrac{2}{8} + 8\dfrac{1}{8}\right) \times 5\dfrac{9}{11} \times \dfrac{1}{2}$

$= 12\dfrac{3}{8} \times 5\dfrac{9}{11} \times \dfrac{1}{2}$

$= \dfrac{99}{8} \times \dfrac{64}{11} \times \dfrac{1}{2}$

$= 36 (\text{cm}^2)$

(직사각형의 세로)

$= 36 \div 5\dfrac{2}{5} = 36 \div \dfrac{27}{5} = 36 \times \dfrac{5}{27}$

$= \dfrac{20}{3} = 6\dfrac{2}{3} (\text{cm})$

[답] $6\dfrac{2}{3}$ cm

평가 기준	
상	사다리꼴의 넓이를 구하고 답을 바르게 구한 경우
중	사다리꼴의 넓이는 구하였으나 답을 구하지 못한 경우
하	풀이 과정과 답을 구하지 못한 경우

16a~16b

1 (1) 0 (2) 6, 6

2 12, 4, 12, 4, 3

3 36, 9, 36, 9, 4

4 105, 15, 105, 15, 7

5 8, 56

6 8, 24

7 17, 12, 84

8　32, 123, 82, 82

9　7　　　　　　　**10**　12

11　7　　　　　　　**12**　52

17a~17b

1

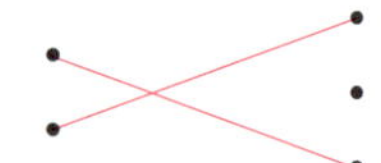

풀이　$2.4 \div 0.6 = 4$
$219.3 \div 4.3 = 51$
$61.2 \div 1.2 = 51$
$24.5 \div 0.7 = 35$
$1.6 \div 0.4 = 4$

2　(위에서부터) 8 / 4 / 66, 33

풀이　$237.6 \div 29.7 = 8$
$3.6 \div 0.9 = 4$
$237.6 \div 3.6 = 66$
$29.7 \div 0.9 = 33$

3　>

풀이　$213.9 \div 6.9 = 31$
$214.6 \div 7.4 = 29$
➡ $31 > 29$

4　㉣

풀이　㉠ $79.1 \div 0.7 = 113$
㉡ $218.4 \div 2.4 = 91$
㉢ $510.4 \div 5.8 = 88$
㉣ $929.6 \div 11.2 = 83$
➡ ㉣ < ㉢ < ㉡ < ㉠

5　24, 25, 26

풀이　$78.2 \div 3.4 = 23$
$110.7 \div 4.1 = 27$
따라서 $23 < \square < 27$이므로 $\square$ 안에 들어
갈 수 있는 자연수는 24, 25, 26입니다.

6　9개

풀이　(세울 수 있는 기둥의 수)
$= 13.5 \div 1.5 = 9$(개)

18a~18b

1　(1) 0　(2) 5, 5

2　162, 54, 162, 54, 3

3　2304, 48, 2304, 48, 48

4　17825, 713, 17825, 713, 25

5　6, 432　　　　　**6**　9, 261

7　38, 368, 368

8　52, 2655, 1062, 1062

9　9　　　　　　　**10**　47

11　15　　　　　　**12**　62

19a~19b

1　㉢

풀이　㉠ $12.18 \div 0.58 = 21$
㉡ $21.84 \div 1.04 = 21$
㉢ $86.24 \div 3.92 = 22$
㉣ $246.96 \div 11.76 = 21$
따라서 계산 결과가 다른 하나는 ㉢입니다.

2　47　　　　　　　**3**　7

4　34

5　㉠, ㉣, ㉡, ㉢

풀이　㉠ $17.48 \div 0.46 = 38$
㉡ $32.25 \div 2.15 = 15$
㉢ $69.36 \div 5.78 = 12$
㉣ $182.41 \div 6.29 = 29$
➡ ㉠ > ㉣ > ㉡ > ㉢

6 62

풀이 $\square = 238.08 \div 3.84 = 62$

7 17kg

풀이 (나무 막대 1m의 무게)
$= 99.45 \div 5.85 = 17(kg)$

8 73개

풀이 (필요한 병의 수)
$= 239.44 \div 3.28 = 73(개)$

20a~20b

1 (1) 292.4, 34, 292.4, 34, 8.6
(2) 2924, 340, 2924, 340, 8.6

2 64.8, 7.2   **3** 620, 7.9

4 1393.6, 2.6

5 6.4, 156, 104

6 4.8, 256, 512, 512

7 4.7   **8** 3.8

9 5.1   **10** 7.3

11 7.8   **12** 11.9

21a~21b

1 5.4, 6.8, 7.5

풀이 $3.888 \div 0.72 = 5.4$
$14.25 \div 1.9 = 7.5$
$140.76 \div 20.7 = 6.8$

2

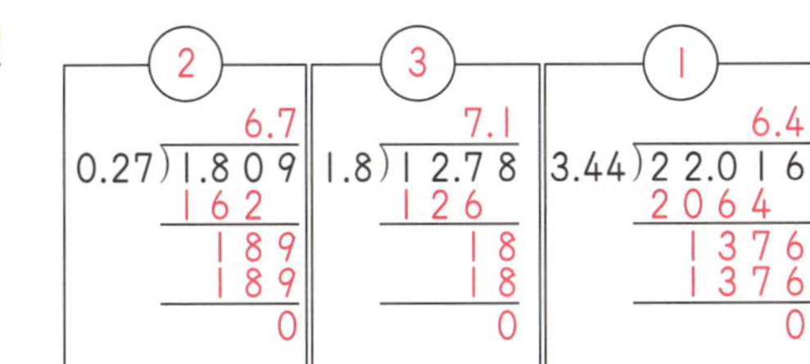

3 14.7

풀이 수의 크기를 비교하면
$83.79 > 24.068 > 10.01 > 9.64 > 5.7$
이므로 가장 큰 수는 83.79이고, 가장 작은 수는 5.7입니다.
➡ $83.79 \div 5.7 = 14.7$

4 12.6분

풀이 (물을 받은 시간)
$= 15.12 \div 1.2 = 12.6(분)$

5 4.6배

풀이 (소나무를 심은 땅의 넓이)
$\div$ (잣나무를 심은 땅의 넓이)
$= 6.624 \div 1.44 = 4.6(배)$

22a~22b

1 15, 15, 24

2 6500, 6500, 250

3 2730, 42, 2730, 42, 65

4 44, 1500, 1500 / 44

5 22   **6** 5

7 120   **8** 64

9 75   **10** 18

11 80   **12** 75

23a~23b

1 8, 80, 800   **2** 7, 70, 700

3 216, 50

풀이 $1836 \div 8.5 = 216$
$216 \div 4.32 = 50$

4 =

풀이 $878 \div 17.56 = 50$
$2040 \div 40.8 = 50$

5 9개

> **풀이** $576 \div 38.4 = 15$, $131 \div 5.24 = 25$
> 따라서 $15 < \square < 25$이므로 $\square$ 안에 들어
> 갈 수 있는 자연수는 16, 17, 18, 19, 20,
> 21, 22, 23, 24로 모두 9개입니다.

6 72km

> **풀이** 1시간 15분은 1.25시간이므로
> (자동차가 한 시간 동안 달린 거리)
> $= 90 \div 1.25 = 72$(km)

7 20개

> **풀이** (전체 음료수의 양)$= 1.8 \times 5 = 9$(L)
> (필요한 컵의 수)$= 9 \div 0.45 = 20$(개)

24a~24b

1 (1) 0 (2) 9, 0.3 / 9, 0.3

2 14, 1.7

3 7, 0.01, 2.39

4 13, 52, 165, 156 / 13, 0.9, 68.5

5 18, 756, 6081, 6048
/ 18, 0.33, 136.41

6 몫: 8, 나머지: 1.8
/ $2.1 \times 8 + 1.8 = 18.6$

7 몫: 59, 나머지: 0.5
/ $4.2 \times 59 + 0.5 = 248.3$

8 몫: 11, 나머지: 0.03
/ $0.65 \times 11 + 0.03 = 7.18$

9 몫: 26, 나머지: 11
/ $31.09 \times 26 + 11 = 819.34$

25a~25b

1
```
          9
7.2 ) 6 5.9 6
      6 4 8
      1.1 6
```
몫: 9, 나머지: 1.16

---

2 2, 0.8 / 22, 0.2 / 226, 0.02

3 2, 2.7 / 22, 0.5 / 224, 0.06

4 447, 0.4 / 44, 0.6 / 4, 0.38

5 642, 0.6 / 64, 0.2 / 6, 0.3

6

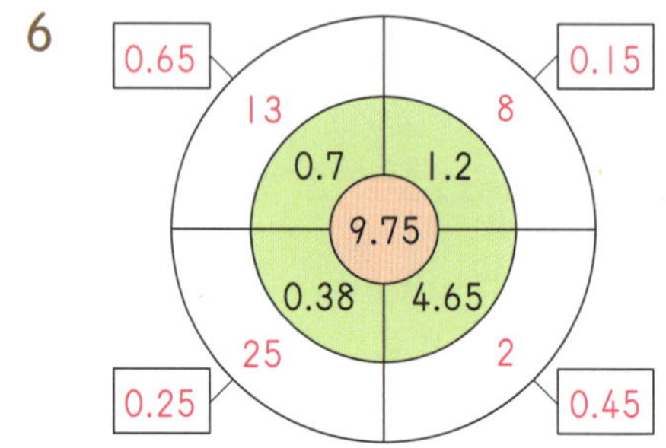

> **풀이** $9.75 \div 0.7 = 13 \cdots 0.65$
> $9.75 \div 1.2 = 8 \cdots 0.15$
> $9.75 \div 0.38 = 25 \cdots 0.25$
> $9.75 \div 4.65 = 2 \cdots 0.45$

7 ㉠, ㉡, ㉢

> **풀이** ㉠ $5.78 \div 0.8 = 7 \cdots 0.18$
> ㉡ $56.2 \div 9.05 = 6 \cdots 1.9$
> ㉢ $143.42 \div 14.95 = 9 \cdots 8.87$
> 나머지가 작은 것부터 차례로 기호를 쓰면
> ㉠, ㉡, ㉢입니다.

8 11개, 2m

> **풀이** $26.75 \div 2.25 = 11 \cdots 2$
> 따라서 리본으로 묶을 수 있는 상자는 11
> 개이고, 남은 리본은 2m입니다.

26a~26b

1 (1) 둘째, 6.4 (2) 셋째, 6.43

2 (1) 18.3 (2) 18.26

3 4.4

4 5.4

5 1.4

6 10.7

7 7.89

8 11.58

9 6.16

10 29.37

27a~27b

1 (　) (◯)

풀이 $12.39 \div 1.7 = 7.28 \cdots\cdots \to 7.3$

2 ㉢

풀이 ㉠ $45.92 \div 6.8 = 6.752 \cdots\cdots$
$\to 6.75$

㉡ $119 \div 17.64 = 6.746 \cdots\cdots \to 6.75$

㉢ $15.86 \div 2.34 = 6.777 \cdots\cdots \to 6.78$

㉣ $80.4 \div 11.91 = 6.750 \cdots\cdots \to 6.75$

따라서 몫을 반올림하여 소수 둘째 자리까지 나타냈을 때, 몫이 다른 것은 ㉢입니다.

3 7

풀이 $102.35 > 95.6 > 71.238 > 14.7$
이므로 가장 큰 수는 102.35이고, 가장 작은 수는 14.7입니다.

➡ $102.35 \div 14.7 = 6.96 \cdots\cdots \to 7$

4 8

풀이 $37.21 \div 4.4 = 8.456818181 \cdots\cdots$
로 몫이 나누어떨어지지 않고 소수 넷째 자리부터 81이 반복되는 규칙입니다.
따라서 소수 이십째 자리에 해당하는 숫자는 8입니다.

5 약 1.49배

풀이 $42.25 \div 28.45 = 1.485 \cdots\cdots$
$\to$ 약 1.49배

6 약 12.4km

풀이 (휘발유 1L로 갈 수 있는 거리)
$= 239.241 \div 19.3 = 12.39 \cdots\cdots$
$\to$ 약 12.4km

28a~28b

a 민호, 1.5

풀이 (연주가 그린 사다리꼴의 넓이)
$= (10.8 + 24.4) \times 12.2 \div 2$
$= 214.72 (cm^2)$

(민호가 그린 직사각형의 넓이)
$= 21.75 \times 14.8$
$= 321.9 (cm^2)$

➡ $321.9 \div 214.72 = 1.49 \cdots\cdots \to 1.5$
따라서 민호가 그린 도형의 넓이가 약 1.5배 넓습니다.

b 16장

풀이 색 테이프를 이어 붙일 때마다 늘어나는 길이는 $18 - 1.4 = 16.6 (cm)$이고, 이어 붙인 색 테이프를 ☐장이라고 하면 겹쳐진 부분은 (☐ - 1)군데입니다.
$18 + 16.6 \times (☐ - 1) = 267$
$16.6 \times (☐ - 1) = 249$
$☐ - 1 = 15$
$☐ = 16(장)$
따라서 진운이가 이어 붙인 색 테이프는 모두 16장입니다.

29a~30b

1 9, 8, 4, 1, 2, 3 / 8

풀이 (소수 두 자리 수) ÷ (소수 두 자리 수)
의 몫이 가장 크게 되려면
(가장 큰 소수 두 자리 수)
÷ (가장 작은 소수 두 자리 수)
이어야 합니다.
$9 > 8 > 4 > 3 > 2 > 1$이므로 가장 큰 소수 두 자리 수는 9.84이고, 가장 작은 소수 두 자리 수는 1.23입니다.
➡ $9.84 \div 1.23 = 8$

2 (양초가 탄 길이) $= 18.5 - 2.75$
$= 15.75 (cm)$
(양초가 탄 시간) $= 15.75 \div 0.35$
$= 45(분)$
따라서 경진이가 양초의 길이를 잰 시각은 오후 9시 45분입니다.
[답] 오후 9시 45분

평가 기준

상	양초가 탄 길이를 알고 답을 바르게 구한 경우
중	양초가 탄 길이는 알았으나 답을 구하지 못한 경우
하	풀이 과정과 답을 구하지 못한 경우

3 3개, 28.04cm

풀이 (정사각형의 둘레)$=8.15\times4$
$$=32.6\text{(cm)}$$
$125.84\div32.6=3\cdots28.04$이므로 만들 수 있는 정사각형은 3개이고, 남은 철사는 28.04cm입니다.

4 21cm

풀이 (평행사변형의 넓이)
$=16.8\times8.5=142.8\text{(cm}^2)$
평행사변형과 삼각형의 넓이는 같으므로 삼각형의 밑변을 $\square$cm라고 하면
(삼각형의 넓이)$=\square\times13.6\div2$
$$=142.8$$
$\square=142.8\times2\div13.6=21\text{(cm)}$
따라서 삼각형의 밑변은 21cm입니다.

5 7.2

풀이 얼룩져서 보이지 않는 부분을 $\square$라고 하면 $94.14\div\square=13\cdots0.54$입니다.
검산하면
$\square\times13+0.54=94.14$
$\square\times13=93.6,\ \square=7.2$

6 4

풀이 $7.35◉17.48$
$=(7.35\div2.1)+(17.48\div34.96)$
$=3.5+0.5=4$

7 약 90.3km

풀이 1시간 45분은 1.75시간입니다.
(자동차가 한 시간 동안 달린 거리)
$=158\div1.75=90.28\cdots$
$$\rightarrow \text{약 }90.3\text{km}$$

8 10.69

풀이 어떤 수를 $\square$라고 하면
$\square\div4.5=12.8\cdots0.12$
$\square=4.5\times12.8+0.12=57.72$
어떤 수는 57.72이므로 바르게 계산하면
$57.72\div5.4=10.688\cdots\rightarrow10.69$

9 732그루

풀이 $878\div2.4=365\cdots2$
도로의 처음 부분에도 가로수를 한 그루 심어야 하므로
(도로 한 쪽에 심을 수 있는 가로수 수)
$=365+1=366\text{(그루)}$
(도로 양쪽에 심을 수 있는 가로수 수)
$=366\times2=732\text{(그루)}$

10 200명

풀이 현주네 학교 6학년 전체 학생 수를 $\square$명이라고 하면 음악을 좋아하며 피아노를 칠 수 있는 학생 수는
$\square\times0.6\times0.4=48$
$\square=48\div0.4\div0.6=200\text{(명)}$

11 약 1.1배

풀이 직사각형의 세로를 $\square$cm라고 하면 가로는 $(\square+5)$cm이므로
(직사각형의 둘레)
$=(\square+5+\square)\times2$
$$=143.4$$
$\square+5+\square=71.7,\ 2\times\square=66.7$
$\square=33.35\text{(cm)}$
따라서 직사각형의 가로는 38.35cm이고, 세로는 33.35cm입니다.
➡ (가로)$\div$(세로)$=38.35\div33.35$
$$=1.14\cdots$$
$$\rightarrow \text{약 }1.1\text{배}$$

12 (사과 15개의 무게)$=25.8-12.64$
$$=13.16\text{(kg)}$$
(사과 한 개의 무게)$=13.16\div15$
$$=0.877\cdots$$
$$\rightarrow0.88\text{kg}$$
따라서 사과 한 개의 무게는 약 0.88kg입니다.
[답] 0.88kg

평가 기준

상	사과 15개의 무게를 구하고 답을 바르게 구한 경우
중	사과 15개의 무게는 구했으나 답을 구하지 못한 경우
하	풀이 과정과 답을 구하지 못한 경우

31a~31b

1 (　) (◯) (◯) (　)

2 입체도형　　　　3 ㄴ, ㄹ

4 가, 나, 라　　　　5 가, 라

6 가, 라

32a~32b

1 가, 나, 라, 바, 사

2 가, 나, 사

3 3개

　　풀이 입체도형은 다음과 같습니다.

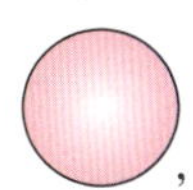 , 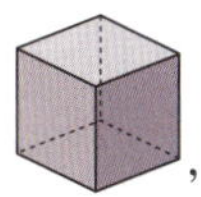 , 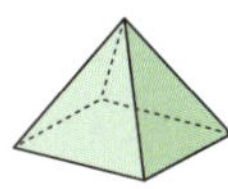 ➡ 3개

4 2개

　　풀이 각기둥은 나, 다로 모두 2개입니다.

5 ㄴ

6 **예** 위아래에 있는 면이 합동인 다각형이
　　아니므로 각기둥이 아닙니다.

33a~33b

1 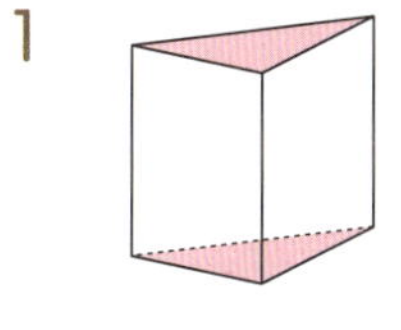　　　2 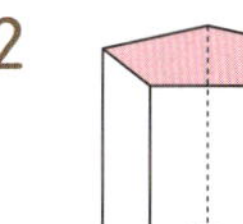

3 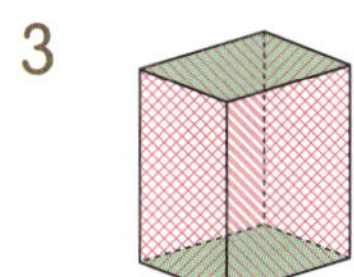　　　4 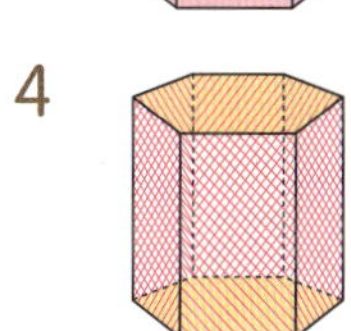

5 삼각형　　　　　6 오각형

7 삼각기둥, 사각기둥, 오각기둥

8 (1) 12개　(2) 8개

34a~34b

1 (1) 면 ㄱㄴㄷ, 면 ㄹㅁㅂ
　　(2) 면 ㄴㅁㄹㄱ, 면 ㄴㅁㅂㄷ, 면 ㄱㄹㅂㄷ

2 6　　　　　　　3 4

4 3　　　　　　　5 8

6 사각기둥　　　　7 삼각기둥

8 오각기둥　　　　9 사각기둥

10 (1) 모서리 ㄱㄴ, 모서리 ㄴㄷ, 모서리 ㄷㄹ,
　　　모서리 ㄹㄱ, 모서리 ㅁㅂ, 모서리 ㅂㅅ,
　　　모서리 ㅅㅇ, 모서리 ㅇㅁ, 모서리 ㄱㅁ,
　　　모서리 ㄴㅂ, 모서리 ㄷㅅ, 모서리 ㄹㅇ
　　(2) 점 ㄱ, 점 ㄴ, 점 ㄷ, 점 ㄹ, 점 ㅁ, 점 ㅂ,
　　　점 ㅅ, 점 ㅇ
　　(3) 선분 ㄱㅁ, 선분 ㄴㅂ, 선분 ㄷㅅ,
　　　선분 ㄹㅇ

35a~35b

1 (1) 12cm　(2) 22cm

2 (윗줄부터) 4, 8, 6, 12
　　　　　　 / 6, 12, 8, 18
　　　　　　 / 9, 18, 11, 27

3 (1) 팔각기둥　(2) 10개

4 ㄷ, ㄴ, ㄱ

　　풀이 ㄱ 칠각기둥의 면의 수: 9개
　　ㄴ 오각기둥의 모서리의 수: 15개
　　ㄷ 팔각기둥의 꼭짓점의 수: 16개
　　➡ ㄷ > ㄴ > ㄱ

5 십이각기둥

　　풀이 □각기둥의 꼭짓점이 24개이므로
　　□ × 2 = 24, □ = 12
　　따라서 영훈이는 십이각기둥을 만들려고
　　합니다.

6 십각기둥

　　풀이 면의 모양은 다각형이고 옆면의 모양
　　은 직사각형인 입체도형은 각기둥입니다.
　　□각기둥의 모서리가 30개이므로
　　□ × 3 = 30, □ = 10

따라서 조건을 모두 만족하는 입체도형은
십각기둥입니다.

7 15개

풀이 면이 17개인 각기둥을 □각기둥이
라고 하면
□+2=17, □=15
따라서 십오각기둥입니다.
(꼭짓점의 수)=15×2=30(개)
(모서리의 수)=15×3=45(개)
➡ 45−30=15(개)

36a~36b

1 나, 마, 아

2 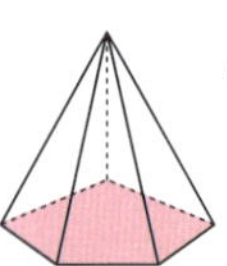 , 오각형

3 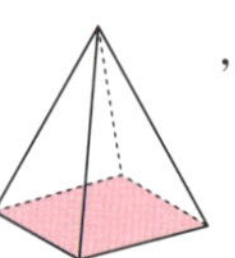 , 사각형

4 ( ) (○) ( )

37a~37b

1 3   **2** 5

3 육각뿔   **4** 사각뿔

5 삼각뿔   **6** 칠각뿔

7 (1) 모서리 ㄱㄴ, 모서리 ㄱㄷ, 모서리 ㄱㄹ,
모서리 ㄱㅁ, 모서리 ㄴㄷ, 모서리 ㄷㄹ,
모서리 ㄹㅁ, 모서리 ㅁㄴ
(2) 점 ㄱ, 점 ㄴ, 점 ㄷ, 점 ㄹ, 점 ㅁ
(3) 점 ㄱ

8 13cm   **9** 18cm

10 10cm   **11** 15cm

38a~38b

1 ㉠
풀이 ㉡ 각기둥의 밑면과 옆면은 서로 수
직입니다.
㉢ 밑면의 모양은 다각형입니다.
㉣ 옆면의 모양은 항상 삼각형입니다.

2 ㉠ 밑면은 다각형이지만 옆면이 모두 삼각
형이 아니므로 각뿔이 아닙니다.

3 (윗줄부터) 4, 5, 5, 8
/ 7, 8, 8, 14
/ 8, 9, 9, 16

4 (1) 육각뿔 (2) 7개

5 84cm
풀이 (모든 모서리의 길이의 합)
=8×4+13×4
=32+52=84(cm)

6 십이각뿔
풀이 밑면의 모양은 다각형이고 면의 수
와 꼭짓점의 수가 같은 입체도형은 각뿔입
니다. □각뿔의 모서리가 24개이므로
□×2=24, □=12
따라서 조건을 모두 만족하는 입체도형은
십이각뿔입니다.

39a~39b

1 가, 다, 라

2 (○) (○) ( )

3 삼각기둥

4 오각기둥

5 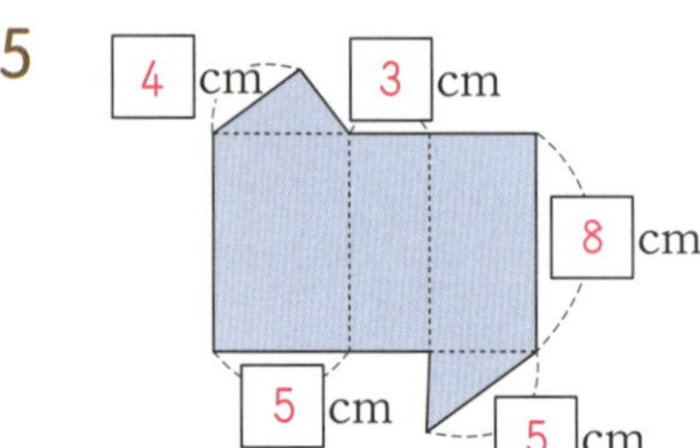

6

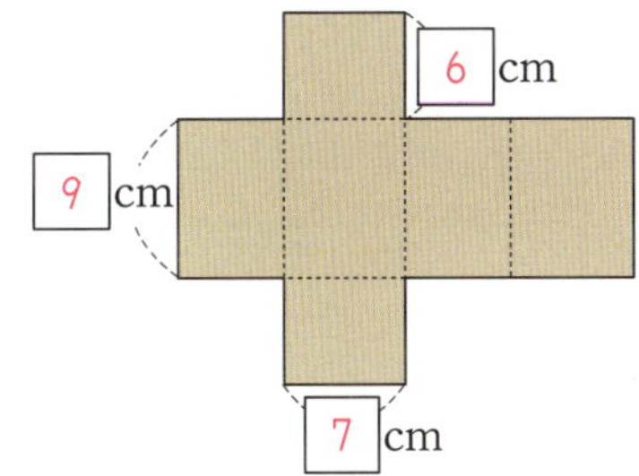

40a~40b

1 (1) 면 ㅋㅎㅍㅌ (2) 선분 ㅂㅁ

2

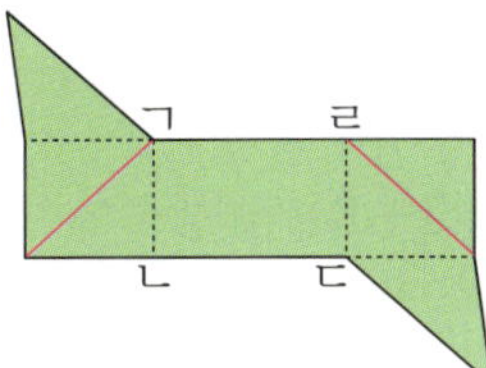

3

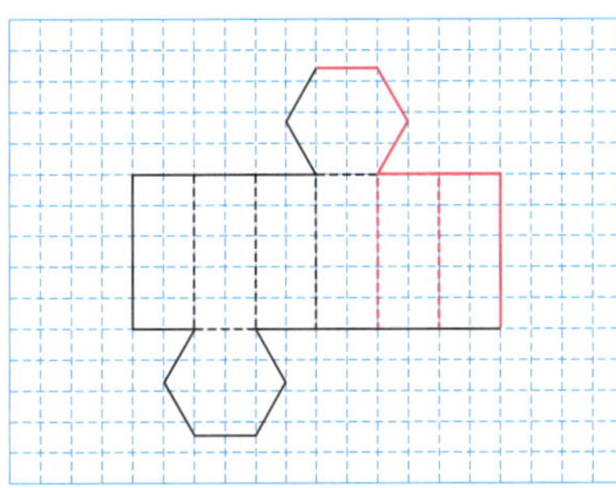

4 〔예〕

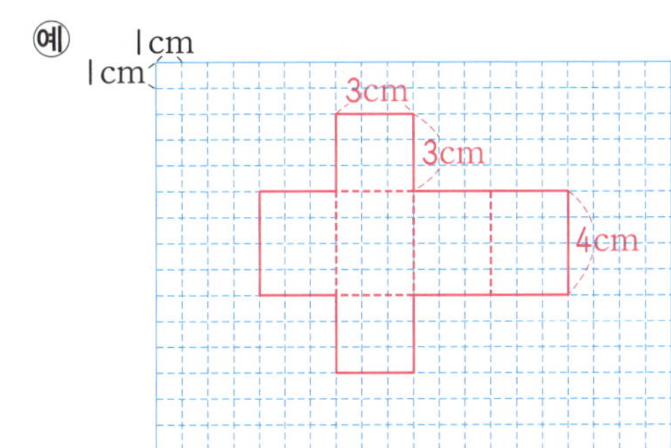

41a~41b

1 가, 다

2 ㉢

3 육각뿔

4 〔예〕오각뿔의 옆면은 5개이어야 하는데 4개이므로 오각뿔의 전개도가 아닙니다.

5

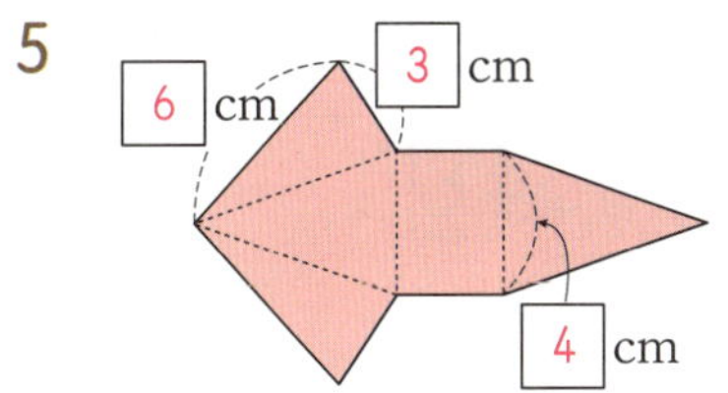

42a~42b

1 (1) 점 ㄱ, 점 ㄷ, 점 ㅅ
(2) 선분 ㅅㅂ

2 (1) 20cm (2) 2개

〔풀이〕(2) 전개도를 접었을 때, 점 ㄷ과 맞닿는 점은 점 ㄱ, 점 ㅈ으로 2개입니다.

3

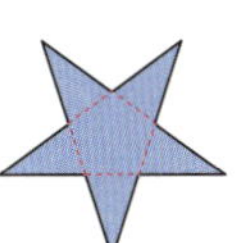

4 〔예〕

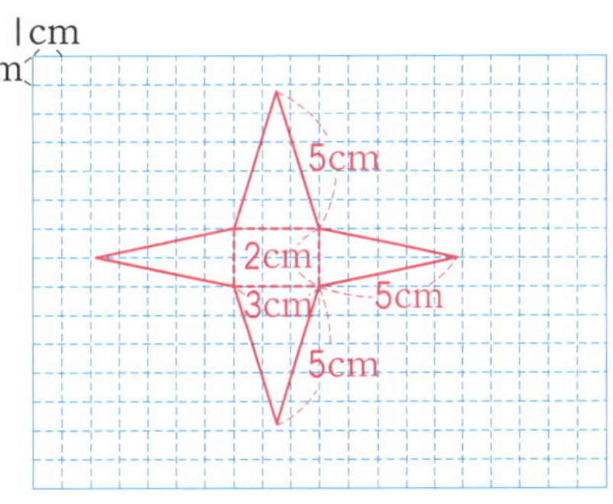

43a~43b 창의력 학습

a 〔예〕

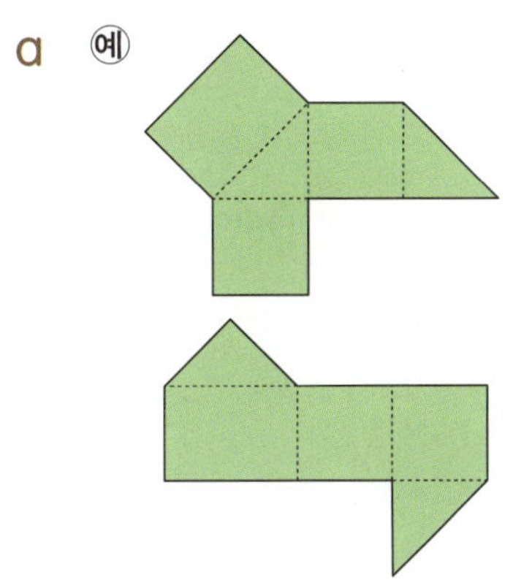

b 〈예〉

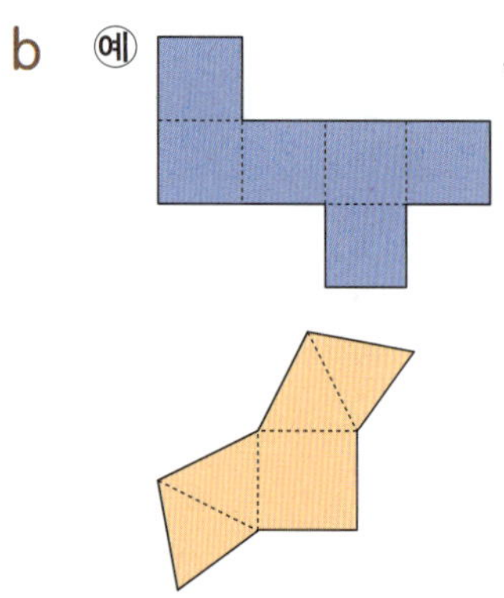

44a~45b　　경시대회 예상문제

1　234cm²

〔풀이〕 면 ㄱㄴㄷ에 수직인 면은 면 ㄱㄷㅂㄹ, 면 ㄴㄷㅂㅁ, 면 ㄱㄴㅁㄹ로 옆면입니다.
➡ $(6+5+7) \times 13 = 234(\text{cm}^2)$

2　□각기둥이라고 하면 꼭짓점은 (□×2)개, 면은 (□+2)개, 모서리는 (□×3)개입니다.
$(□\times2)+(□+2)+(□\times3)=44$
$□\times6=42,\ □=7$
따라서 칠각기둥입니다.
[답] 칠각기둥

평가 기준	
상	각기둥의 꼭짓점의 수, 면의 수, 모서리의 수의 관계를 알고 답을 바르게 구한 경우
중	각기둥의 꼭짓점의 수, 면의 수, 모서리의 수의 관계는 알았으나 답을 구하지 못한 경우
하	풀이 과정과 답을 구하지 못한 경우

3　140cm

〔풀이〕 밑면이 정다각형이고, 옆면이 직사각형인 입체도형은 다음과 같습니다.

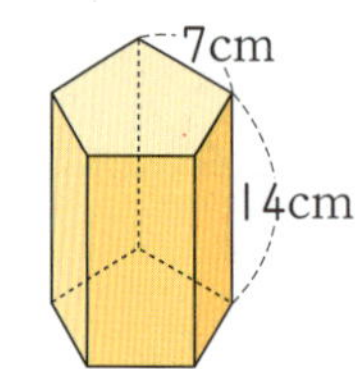

(모든 모서리의 길이의 합)
$= 7\times10+14\times5$
$= 70+70=140(\text{cm})$

4　8cm

〔풀이〕 팔각기둥의 모서리는 24개이고 모든 모서리의 길이는 같으므로 한 모서리의 길이를 □cm라고 하면
$□\times24=192,\ □=8(\text{cm})$

5　삼각뿔

6　구각뿔

〔풀이〕 주어진 각기둥은 육각기둥이므로 모서리는 18개입니다. 모서리가 18개인 각뿔을 □각뿔이라고 하면
$□\times2=18,\ □=9$
따라서 구각뿔입니다.

7　52cm

〔풀이〕 (모서리의 길이의 합)
$= 4\times2+6\times2+8\times4$
$= 8+12+32=52(\text{cm})$

8　(1) 선분 ㅍㅎ　(2) 점 ㅅ　(3) 면 ㄷㄴㄱㅎ
(4) 면 ㄱㄴㄷㅎ, 면 ㄷㄹㅁㅌ,
　　면 ㅌㅁㅊㅋ, 면 ㅊㅅㅇㅈ

9　150cm

〔풀이〕

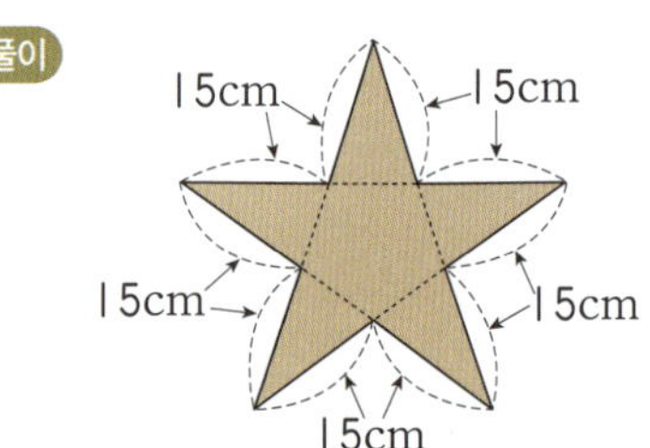

(전개도의 둘레) $= 15\times10=150(\text{cm})$

10　(1), (2)

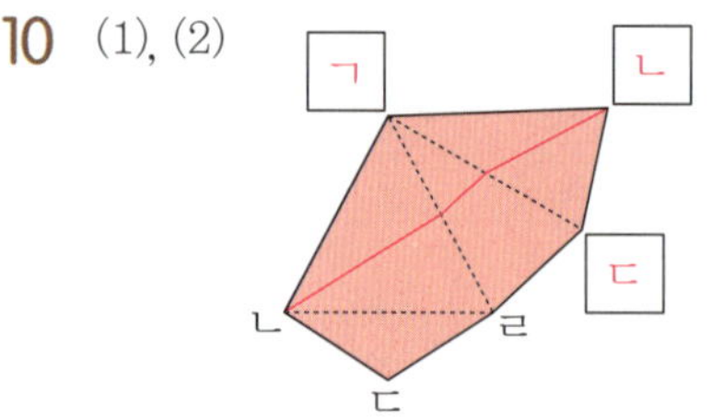

11　(선분 ㄱㄴ)=(선분 ㄱㅇ)=11cm
(선분 ㄹㅁ)=(선분 ㅅㅇ)=6cm
(선분 ㄴㄷ)=(선분 ㄷㄹ)=(선분 ㅂㅁ)
=(선분 ㅂㅅ)이므로
(전개도의 둘레)
$= 11\times2+6\times2+(\text{선분 ㄴㄷ})\times4$
$= 50$

$22+12+(선분 ㄴㄷ)\times4=50$
$(선분 ㄴㄷ)\times4=16$
$(선분 ㄴㄷ)=4(cm)$
밑면은 면 ㄷㄹㅁㅂ이므로 넓이는
$6\times4=24(cm^2)$입니다.
[답] $24cm^2$

평가 기준	
상	밑면의 가로, 세로를 알고 답을 바르게 구한 경우
중	밑면의 가로, 세로는 알았으나 답을 구하지 못한 경우
하	풀이 과정과 답을 구하지 못한 경우

46a~49b

1 8

2 8, 4, 8, 4, 2

3 ㄹ

풀이 ㄱ $\dfrac{9}{10}\div\dfrac{3}{10}=9\div3=3$

ㄴ $\dfrac{6}{7}\div\dfrac{2}{7}=6\div2=3$

ㄷ $\dfrac{3}{4}\div\dfrac{1}{4}=3\div1=3$

ㄹ $\dfrac{7}{8}\div\dfrac{5}{8}=7\div5=\dfrac{7}{5}=1\dfrac{2}{5}$

따라서 계산 결과가 다른 하나는 ㄹ입니다.

4 $\dfrac{5}{2}$, $\dfrac{35}{18}$, $1\dfrac{17}{18}$

5 4, $\dfrac{7}{4}$, 7, $2\dfrac{1}{3}$

6 $2\dfrac{2}{7}\div3\dfrac{1}{5}=\dfrac{16}{7}\div\dfrac{16}{5}=\dfrac{16}{7}\times\dfrac{5}{16}=\dfrac{5}{7}$

7 $1\dfrac{3}{5}$

풀이 $\dfrac{14}{15}\div\dfrac{7}{12}=\dfrac{14}{15}\times\dfrac{12}{7}=\dfrac{8}{5}=1\dfrac{3}{5}$

8 $1\dfrac{3}{5}$

풀이 $6\div\dfrac{9}{10}\div4\dfrac{1}{6}=6\div\dfrac{9}{10}\div\dfrac{25}{6}$

$=6\times\dfrac{10}{9}\times\dfrac{6}{25}$

$=\dfrac{8}{5}=1\dfrac{3}{5}$

9 ㄹ

풀이 ㄱ $20\div\dfrac{5}{9}=20\times\dfrac{9}{5}=36$

ㄴ $\dfrac{3}{5}\div\dfrac{1}{10}=\dfrac{3}{5}\times10=6$

ㄷ $\dfrac{8}{11}\div\dfrac{2}{11}=8\div2=4$

ㄹ $4\dfrac{1}{6}\div1\dfrac{2}{3}=\dfrac{25}{6}\div\dfrac{5}{3}=\dfrac{25}{6}\times\dfrac{3}{5}$

$=\dfrac{5}{2}=2\dfrac{1}{2}$

따라서 계산 결과가 자연수가 아닌 것은 ㄹ입니다.

10 10도막

풀이 (고무줄의 도막 수)
$=6\dfrac{1}{4}\div\dfrac{5}{8}=\dfrac{25}{4}\div\dfrac{5}{8}$

$=\dfrac{25}{4}\times\dfrac{8}{5}=10(도막)$

11 $>$

풀이 $10\div\dfrac{5}{6}=10\times\dfrac{6}{5}=12$

$8\dfrac{3}{4}\div\dfrac{7}{8}=\dfrac{35}{4}\div\dfrac{7}{8}=\dfrac{35}{4}\times\dfrac{8}{7}=10$

➡ $12>10$

12 ㄴ, ㄷ, ㄱ, ㄹ

풀이 ㉠ $4 \div \dfrac{1}{8} = 4 \times 8 = 32$

㉡ $2 \div \dfrac{1}{7} = 2 \times 7 = 14$

㉢ $3 \div \dfrac{1}{6} = 3 \times 6 = 18$

㉣ $9 \div \dfrac{1}{5} = 9 \times 5 = 45$

➡ ㉡ $<$ ㉢ $<$ ㉠ $<$ ㉣

13 $9\dfrac{3}{8}$

풀이 $5 > 2\dfrac{4}{7} > \dfrac{8}{15}$ 이므로 가장 큰 수는

5이고, 가장 작은 수는 $\dfrac{8}{15}$ 입니다.

➡ $5 \div \dfrac{8}{15} = 5 \times \dfrac{15}{8} = \dfrac{75}{8} = 9\dfrac{3}{8}$

14 ㉠

풀이 ㉠ $\square \div \dfrac{1}{4} = 36$, $\square \times 4 = 36$,

$\square = 9$

㉡ $9 \div \dfrac{\square}{5} = 15$, $9 \times \dfrac{5}{\square} = 15$,

$\dfrac{5}{\square} = 15 \div 9 = 15 \times \dfrac{1}{9} = \dfrac{5}{3}$, $\square = 3$

➡ ㉠ $>$ ㉡

15 $2\dfrac{2}{5}$

풀이 $4\dfrac{9}{10} \div \dfrac{7}{18} = \dfrac{49}{10} \times \dfrac{18}{7}$

$= \dfrac{63}{5} = 12\dfrac{3}{5}$

$\square \times 5\dfrac{1}{4} = 12\dfrac{3}{5}$ 이므로

$\square = 12\dfrac{3}{5} \div 5\dfrac{1}{4} = \dfrac{63}{5} \div \dfrac{21}{4}$

$= \dfrac{63}{5} \times \dfrac{4}{21} = \dfrac{12}{5} = 2\dfrac{2}{5}$

16 $\dfrac{6}{7}\text{kg}$

풀이 (나무 도막 1m의 무게)

$= 5\dfrac{5}{7} \div 6\dfrac{2}{3} = \dfrac{40}{7} \div \dfrac{20}{3}$

$= \dfrac{40}{7} \times \dfrac{3}{20} = \dfrac{6}{7}(\text{kg})$

17 $3\dfrac{8}{9}$ 배

풀이 (가 $\div$ 나) $= 12\dfrac{5}{6} \div 3\dfrac{3}{10}$

$= \dfrac{77}{6} \div \dfrac{33}{10}$

$= \dfrac{77}{6} \times \dfrac{10}{33}$

$= \dfrac{35}{9} = 3\dfrac{8}{9}(\text{배})$

18 1

풀이 $4\dfrac{1}{6} ■ \dfrac{5}{8} = \left(4\dfrac{1}{6} \div \dfrac{5}{8}\right) \times \left(\dfrac{5}{8} \div 4\dfrac{1}{6}\right)$

$= \left(\dfrac{25}{6} \div \dfrac{5}{8}\right) \times \left(\dfrac{5}{8} \div \dfrac{25}{6}\right)$

$= \left(\dfrac{25}{6} \times \dfrac{8}{5}\right) \times \left(\dfrac{5}{8} \times \dfrac{6}{25}\right)$

$= \dfrac{20}{3} \times \dfrac{3}{20} = 1$

19 $7\dfrac{5}{7}\text{km}$

풀이 35분은 $\dfrac{35}{60} = \dfrac{7}{12}$ 시간입니다.

(자전거가 1시간 동안 가는 거리)

$= 4\dfrac{1}{2} \div \dfrac{7}{12} = \dfrac{9}{2} \div \dfrac{7}{12} = \dfrac{9}{2} \times \dfrac{12}{7}$

$= \dfrac{54}{7} = 7\dfrac{5}{7}(\text{km})$

20 4, 5, 6, 7

풀이 $7 \div \dfrac{1}{\square} = 7 \times \square$ 이므로

$25 < 7 \times \square < 50$ 를 만족하는 자연수 $\square$

는 4, 5, 6, 7입니다.

21 $5\dfrac{1}{7}$ cm

풀이 사다리꼴의 높이를 $\square$ cm라고 하면
(사다리꼴 모양의 꽃밭의 넓이)

$$=\left(4\dfrac{5}{6}+7\dfrac{2}{9}\right)\times\square\div 2=31$$

$$\left(4\dfrac{15}{18}+7\dfrac{4}{18}\right)\times\square=62$$

$$12\dfrac{1}{18}\times\square=62$$

$$\square=62\div 12\dfrac{1}{18}=62\div\dfrac{217}{18}$$

$$=62\times\dfrac{18}{217}=\dfrac{36}{7}=5\dfrac{1}{7}\,(\text{cm})$$

따라서 높이는 $5\dfrac{1}{7}$ cm입니다.

22 $11\dfrac{1}{4}$

풀이 어떤 수를 $\square$라고 하면

$$\square\times\dfrac{8}{15}=3\dfrac{1}{5}$$

$$\square=3\dfrac{1}{5}\div\dfrac{8}{15}=\dfrac{16}{5}\times\dfrac{15}{8}=6$$

어떤 수는 6이므로 바르게 계산하면

$$6\div\dfrac{8}{15}=6\times\dfrac{15}{8}=\dfrac{45}{4}=11\dfrac{1}{4}$$

23 $14\dfrac{7}{10}$ 분

풀이 (1분 동안 나오는 물의 양)

$$=3\dfrac{3}{7}\div 6=\dfrac{24}{7}\times\dfrac{1}{6}=\dfrac{4}{7}\,(\text{L})$$

$$\rightarrow\; 8\dfrac{2}{5}\div\dfrac{4}{7}=\dfrac{42}{5}\div\dfrac{4}{7}=\dfrac{42}{5}\times\dfrac{7}{4}$$

$$=\dfrac{147}{10}=14\dfrac{7}{10}\,(\text{분})$$

24 $21\dfrac{1}{3}$ m²

풀이 (직사각형 모양의 땅의 넓이)

$$=9\dfrac{3}{7}\times 4\dfrac{2}{3}=\dfrac{66}{7}\times\dfrac{14}{3}=44\,(\text{m}^2)$$

(흙 6kg으로 덮을 수 있는 땅의 넓이)

$$=44\div 12\dfrac{3}{8}\times 6=44\div\dfrac{99}{8}\times 6$$

$$=44\times\dfrac{8}{99}\times 6=\dfrac{64}{3}=21\dfrac{1}{3}\,(\text{m}^2)$$

25 6번

풀이 $10\dfrac{7}{11}\div 1\dfrac{4}{5}=\dfrac{117}{11}\div\dfrac{9}{5}$

$$=\dfrac{117}{11}\times\dfrac{5}{9}$$

$$=\dfrac{65}{11}=5\dfrac{10}{11}$$

물통에 물을 5번 부으면 가득 차지 않으므로 6번 부어야 합니다.

50a~53b

1 81, 81, 9, 9 　　**2** 63, 63, 21, 3

3 94.5, 6.3 　　　**4** 872, 11.8

5 9 　　　　　　　**6** 8.5

7 ㉠, ㉡

8

풀이 $5.94\div 0.54=11$
$80.66\div 3.7=21.8$

9 8 　　　　　　　**10** $<$

11 8.7cm

풀이 (평행사변형의 높이)
$=103.53\div 11.9=8.7\,(\text{cm})$

12 4, 3.33, 18.13

풀이

$$3.7) \overline{18.13} \\ 4$$

$$14\ 8$$

$$3\cdot33$$

(검산) $3.7 \times 4 + 3.33 = 18.13$

13 ㉢

  풀이 ㉠ $1.743 \div 0.21 = 8 \cdots 0.063$
  ㉡ $4.5 \div 1.4 = 3 \cdots 0.3$

14 5.9

15 ㉡

  풀이 ㉠ $24.57 \div 16 = 1.535\cdots\cdots \rightarrow 1.54$
  ㉡ $17.09 \div 11.14 = 1.534\cdots\cdots \rightarrow 1.53$
  ㉢ $8.2 \div 5.31 = 1.544\cdots\cdots \rightarrow 1.54$
  따라서 몫이 다른 하나는 ㉡입니다.

16 $8, 9, 10, 11, 12$

  풀이 $30.12 \div 4.3 = 7.0\cdots\cdots$
  $190.8 \div 15.7 = 12.1\cdots\cdots$
  $7.0\cdots\cdots < \square < 12.1\cdots\cdots$ 을 만족하는 자연
  수 $\square$는 $8, 9, 10, 11, 12$입니다.

17 12개

18 52개

  풀이 $1500 \div 28.5 = 52 \cdots 18$
  따라서 화물차에 실을 수 있는 과일 상자
  는 52개입니다.

19 32개

20 37

  풀이 어떤 수를 $\square$라고 하면
  $\square \div 3.16 = 5 \cdots 2.7$
  $\square = 3.16 \times 5 + 2.7 = 18.5$
  어떤 수는 18.5이므로 $18.5 \div 0.5 = 37$

21 2개

  풀이 (우영이가 자른 리본의 조각 수)
  $= 15 \div 1.25 = 12$(개)
  (현정이가 자른 리본의 조각 수)
  $= 15 \div 1.5 = 10$(개)
  따라서 두 사람이 자른 조각 수의 차는
  $12 - 10 = 2$(개)입니다.

22 $8, 7, 1, 4, 5 / 6$

  풀이 몫이 가장 큰 나눗셈을 만들려면 나

뉘지는 수는 가장 큰 소수 한 자리 수, 나
누는 수는 가장 작은 소수 두 자리 수이어
야 합니다. $8 > 7 > 5 > 4 > 1$이므로 가장
큰 소수 한 자리 수는 8.7, 가장 작은 소수
두 자리 수는 1.45입니다.
➡ $8.7 \div 1.45 = 6$

23 1.3배

  풀이 (늘어난 고무줄의 길이)
  $= 8.4 + 2.52 = 10.92$(cm)
  ➡ $10.92 \div 8.4 = 1.3$(배)

24 42개

  풀이 (필요한 벤치 수)
  $= 327.6 \div (6.3 + 1.5)$
  $= 327.6 \div 7.8 = 42$(개)

25 약 1.1배

  풀이 (배 상자의 무게)
  $=$ (사과 상자의 무게) $+ 2$
  $= 19.12 + 2 = 21.12$(kg)
  ➡ $21.12 \div 19.12 = 1.10\cdots\cdots \rightarrow$ 약 1.1배

26 4.59

  풀이 어떤 수를 $\square$라고 하면
  $\square \times 2.8 = 35.98$
  $\square = 35.98 \div 2.8 = 12.85$
  어떤 수는 12.85이므로 바르게 계산하면
  $12.85 \div 2.8 = 4.589\cdots\cdots \rightarrow 4.59$

54a~57b

1 가, 나, 라, 마, 바, 아

2 가, 마 **3** 바, 아

4 ㉢, ㉤

5 (1) 면 ㄱㄴㄷㄹ, 면 ㅁㅂㅅㅇ
  (2) 4개

6 6cm **7** 오각기둥

8 육각뿔 **9** 점 ㄱ

10 **예** 밑면이 다각형이 아니고, 옆면은 삼각
  형이 아니므로 각뿔이 아닙니다.

11 $3, 5, 8$

12 ㉡

풀이 ㉠, ㉢, ㉣ 8 ㉡ 10

13 5개

14 ㉡

15 30개

풀이 옆면이 10개인 각기둥은 십각기둥
이므로 모서리는 모두 30개입니다.

16 십오각뿔

풀이 ㉠, ㉡, ㉣을 만족하는 입체도형은
각뿔이므로 □각뿔이라고 하면
㉢에서 □×2=30, □=15
따라서 조건을 모두 만족하는 입체도형은
십오각뿔입니다.

17 13개

풀이 팔각기둥의 모서리는
8×3=24(개)이므로 팔각기둥과 모서리
의 수가 같은 각뿔을 □각뿔이라고 하면
□×2=24, □=12
따라서 십이각뿔의 꼭짓점은
12+1=13(개)입니다.

18 다

19 육각기둥

20 사각뿔

21
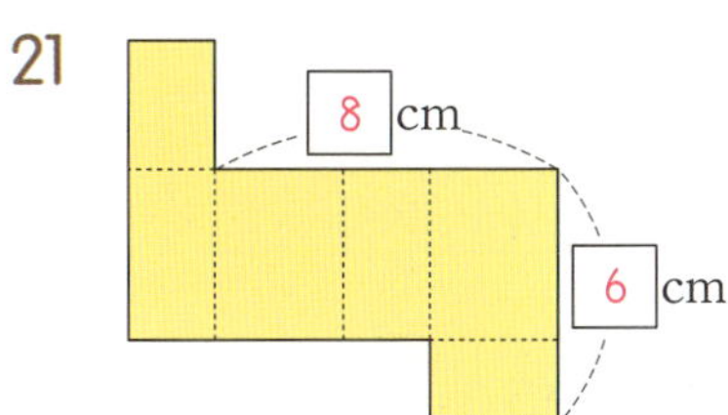

22 예
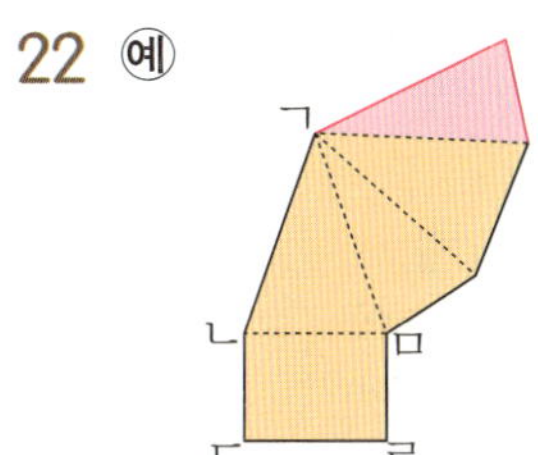

23 면 ㄷㄹㅂ

풀이 각뿔의 꼭짓점은 옆면인 삼각형의
공통인 꼭짓점이므로 밑면은 각뿔의 꼭짓
점과 만나지 않는 면입니다.

24 육각뿔

풀이 각뿔의 밑면의 변의 수를 □개라고
하면
□×4+□×8=72
□×12=72, □=6
따라서 육각뿔입니다.

25 예

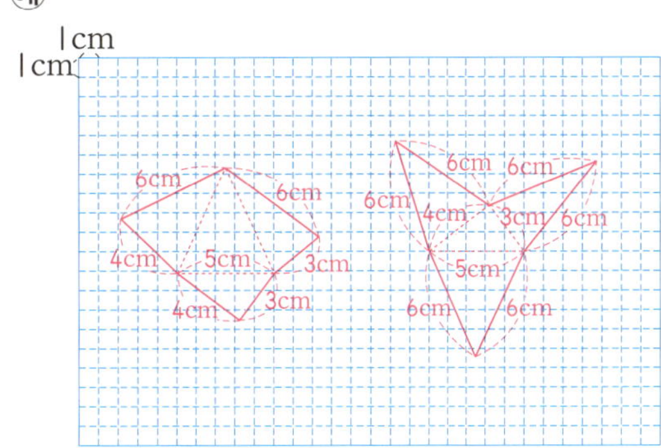

58a~58b	창의력 학습

a 18, 11.3, 6, $\dfrac{1}{2}$

풀이 $8 \div \dfrac{4}{9} = 8 \times \dfrac{9}{4} = 18$

$\dfrac{9}{14} \div 1\dfrac{2}{7} = \dfrac{9}{14} \div \dfrac{9}{7} = \dfrac{9}{14} \times \dfrac{7}{9} = \dfrac{1}{2}$

$34.8 \div 5.8 = 6,\ 197.75 \div 17.5 = 11.3$

b 혜수

풀이 영욱이가 그린 전개도를 접으면 밑
면이 서로 겹치므로 잘못 그렸습니다.
재신이가 그린 전개도를 접으면 밑면이 사
다리꼴이므로 잘못 그렸습니다.
소진이가 그린 전개도를 접으면 사각뿔이
므로 잘못 그렸습니다.
따라서 선물 상자의 전개도를 바르게 그린
학생은 혜수입니다.

59a~60b	경시대회 예상문제

1 ㉡, ㉣, ㉢, ㉠

풀이 ㉠ $\square \div \dfrac{1}{4} = 36$, $\square \times 4 = 36$,

$\square = 9$

㉡ $\square \div \dfrac{1}{5} = 30$, $\square \times 5 = 30$, $\square = 6$

㉢ $\square \div \dfrac{1}{7} = 56$, $\square \times 7 = 56$, $\square = 8$

㉣ $\square \div \dfrac{1}{9} = 63$, $\square \times 9 = 63$, $\square = 7$

➡ ㉡＜㉣＜㉢＜㉠

2 13시간 12분

풀이 이 날의 밤의 길이를 $\square$시간이라고 하면 낮의 길이는 $\left(\square \times \dfrac{9}{11}\right)$시간입니다.

$$\square \times \dfrac{9}{11} + \square = \square \times \dfrac{9}{11} + \square \times 1$$

$$= \square \times \dfrac{20}{11} = 24$$

$$\square = 24 \div \dfrac{20}{11} = 24 \times \dfrac{11}{20}$$

$$= \dfrac{66}{5} = 13\dfrac{1}{5}(\text{시간})$$

$\dfrac{1}{5}$시간$=\dfrac{12}{60}$시간이므로 12분이고, 이 날의 밤의 길이는 13시간 12분입니다.

3 9번

풀이 (물탱크에 더 부어야 할 물의 양)

$$= \left(100\dfrac{3}{4} - 22\right) = 78\dfrac{3}{4}(\text{L})$$

(민수가 부어야 할 횟수)

$$= 78\dfrac{3}{4} \div 3\dfrac{3}{4} = \dfrac{315}{4} \div \dfrac{15}{4}$$

$$= 315 \div 15 = 21(\text{번})$$

(영희가 부어야 할 횟수)

$$= 78\dfrac{3}{4} \div 2\dfrac{5}{8} = \dfrac{315}{4} \div \dfrac{21}{8}$$

$$= \dfrac{315}{4} \times \dfrac{8}{21} = 30(\text{번})$$

따라서 영희는 민수보다 $30 - 21 = 9$(번) 더 부어야 합니다.

4 사다리꼴의 높이를 $\square$cm라고 하면

(사다리꼴의 넓이)

$$= \left(7\dfrac{1}{2} + 13\dfrac{1}{3}\right) \times \square \div 2 = 112\dfrac{1}{2}$$

$$20\dfrac{5}{6} \times \square \div 2 = 112\dfrac{1}{2}$$

$$\square = 112\dfrac{1}{2} \times 2 \div 20\dfrac{5}{6}$$

$$= \dfrac{225}{2} \times 2 \div \dfrac{125}{6}$$

$$= \dfrac{225}{2} \times 2 \times \dfrac{6}{125} = \dfrac{54}{5} = 10\dfrac{4}{5}(\text{cm})$$

(색칠되지 않은 삼각형의 넓이)

$$= 13\dfrac{1}{3} \times 10\dfrac{4}{5} \div 2 = \dfrac{40}{3} \times \dfrac{54}{5} \times \dfrac{1}{2}$$

$$= 72(\text{cm}^2)$$

(색칠한 부분의 넓이)

$=$ (사다리꼴의 넓이)

$-$ (색칠되지 않은 삼각형의 넓이)

$$= 112\dfrac{1}{2} - 72 = 40\dfrac{1}{2}(\text{cm}^2)$$

[답] $40\dfrac{1}{2}\,\text{cm}^2$

평가 기준	
상	사다리꼴의 높이를 구하고 답을 바르게 구한 경우
중	사다리꼴의 높이는 구했으나 답을 구하지 못한 경우
하	풀이 과정과 답을 구하지 못한 경우

5 정팔각형

풀이 $122.4 \div 15.3 = 8$이므로 만들 수 있는 울타리의 모양은 정팔각형입니다.

6 현아, 2개

풀이 (민준이가 자른 색 테이프의 수)

$$= 72.6 \div 3.3 = 22(\text{개})$$

(현아가 자른 색 테이프의 수)

$$= 50.64 \div 2.11 = 24(\text{개})$$

따라서 현아가 자른 조각이

$24 - 22 = 2$(개) 더 많습니다.

7 6

풀이 $61.72 \div 5.4 = 11.4296296\cdots\cdots$

으로 몫이 나누어 떨어지지 않고 소수 둘째

자리부터 296이 반복되는 규칙입니다.
따라서 소수 열째 자리에 해당하는 숫자는
6입니다.

8 직사각형의 세로를 □cm라고 하면
가로는 (□+5)cm입니다.
(직사각형의 둘레)=(□+5+□)×2
                    =90.8
□+5+□=45.4
□×2=40.4, □=20.2(cm)
직사각형의 세로는 20.2cm이고, 가로는
25.2cm입니다.
➡ 25.2÷20.2=1.24······ → 약 1.2배
[답] 약 1.2배

평가 기준	
상	직사각형의 가로와 세로를 구하고 답을 바르게 구한 경우
중	직사각형의 가로와 세로는 구했으나 답을 구하지 못한 경우
하	풀이 과정과 답을 구하지 못한 경우

9 약 0.31kg

풀이 (음료수 17개의 무게)
=12.5−7.19=5.31(kg)
(음료수 한 개의 무게)
=5.31÷17=0.312······
                → 약 0.31kg

10 팔각뿔

풀이 □각뿔이라고 하면
(면의 수)+(모서리의 수)+(꼭짓점의 수)
=(□+1)+(□×2)+(□+1)
=34
□×4=32, □=8
따라서 팔각뿔입니다.

11 51cm

풀이 밑면이 삼각형이고 옆면이 직사각형
이므로 삼각기둥입니다.
(삼각기둥의 모든 모서리의 길이의 합)
=(5×3)×2+7×3
=51(cm)

12 108cm

풀이 전개도를 접으면 오각뿔이 만들어지
므로 옆면의 모서리의 길이를 □cm라고
하면

(모든 모서리의 길이의 합)
=10×5+□×5=110
□×5=60, □=12(cm)
(전개도의 둘레)=10×6+12×4
              =60+48=108(cm)

J1 성취도 테스트

1 16

2 ㉢

3 (위에서부터) $\dfrac{7}{8}$ / $\dfrac{9}{14}$ / $\dfrac{25}{36}$, $\dfrac{25}{49}$

풀이 $\dfrac{5}{8} \div \dfrac{5}{7} = \dfrac{5}{8} \times \dfrac{7}{5} = \dfrac{7}{8}$

$\dfrac{9}{10} \div 1\dfrac{2}{5} = \dfrac{9}{10} \div \dfrac{7}{5} = \dfrac{9}{10} \times \dfrac{5}{7} = \dfrac{9}{14}$

$\dfrac{5}{8} \div \dfrac{9}{10} = \dfrac{5}{8} \times \dfrac{10}{9} = \dfrac{25}{36}$

$\dfrac{5}{7} \div 1\dfrac{2}{5} = \dfrac{5}{7} \div \dfrac{7}{5} = \dfrac{5}{7} \times \dfrac{5}{7} = \dfrac{25}{49}$

4 $6\dfrac{7}{8}$

풀이 $\square = 9\dfrac{1}{6} \div 1\dfrac{1}{3} = \dfrac{55}{6} \div \dfrac{4}{3}$

$= \dfrac{55}{6} \times \dfrac{3}{4} = \dfrac{55}{8} = 6\dfrac{7}{8}$

5 $6\dfrac{3}{4}$ kg

풀이 (철근 1m의 무게)
$= 24 \div 3\dfrac{5}{9} = 24 \div \dfrac{32}{9}$

$= 24 \times \dfrac{9}{32} = \dfrac{27}{4} = 6\dfrac{3}{4}$ (kg)

6 $2\dfrac{10}{27}$

풀이 어떤 수를 □라고 하면
$\square \times 2\dfrac{5}{8} = 16\dfrac{1}{3}$

$$\square = 16\frac{1}{3} \div 2\frac{5}{8} = \frac{49}{3} \div \frac{21}{8}$$

$$= \frac{\overset{7}{\cancel{49}}}{3} \times \frac{8}{\underset{3}{\cancel{21}}} = \frac{56}{9} = 6\frac{2}{9}$$

어떤 수는 $6\frac{2}{9}$ 이므로 바르게 계산하면

$$6\frac{2}{9} \div 2\frac{5}{8} = \frac{56}{9} \div \frac{21}{8} = \frac{56}{9} \times \frac{8}{\underset{3}{\cancel{21}}}$$

$$= \frac{64}{27} = 2\frac{10}{27}$$

7　$4\frac{9}{10}$

풀이　(삼각형의 넓이)$= 6\frac{3}{7} \times \square \div 2$

$$= 15\frac{3}{4}$$

$$\square = 15\frac{3}{4} \times 2 \div 6\frac{3}{7} = \frac{63}{4} \times 2 \div \frac{45}{7}$$

$$= \frac{\overset{7}{\cancel{63}}}{\underset{2}{\cancel{4}}} \times \overset{1}{\cancel{2}} \times \frac{7}{\underset{5}{\cancel{45}}} = \frac{49}{10} = 4\frac{9}{10}$$

8　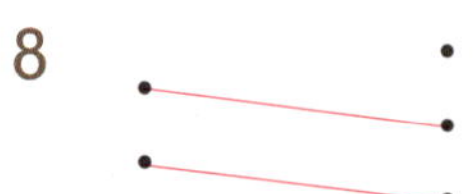

풀이　$0.09 \div 1.2 = 9 \div 120 = 0.075$
$90 \div 0.12 = 9000 \div 12 = 750$

9　28.9kg

풀이　㉮$=$㉯$\times 1.24$이므로
$35.836 =$㉯$\times 1.24$입니다.
㉯$= 35.836 \div 1.24 = 28.9$(kg)

10　㉡

풀이　㉠ $\square = 762 \div 12.7 = 60$
㉡ $\square = 230.1 \div 3.54 = 65$
➡ ㉠ $<$ ㉡

11　48개

풀이　(전체 음료수 양)$= 2.4 \times 7$
$\qquad\qquad\qquad = 16.8$(L)
(필요한 컵의 수)$= 16.8 \div 0.35 = 48$(개)

12　약 6.7km

풀이　2시간 15분은 2.25시간입니다.
$15 \div 2.25 = 6.66 \cdots \cdots$이므로 소수 둘째
자리에서 반올림하면 약 6.7km입니다.

13　2.61

풀이　어떤 수를 $\square$라고 하면
$\square \div 1.91 = 2.6 \cdots 0.013$
이므로 검산하면
$\square = 1.91 \times 2.6 + 0.013 = 4.979$
➡ $4.979 \div 1.91 = 2.606 \cdots \cdots \rightarrow 2.61$

14　0.408kg

풀이　(음료수 15개의 무게)
$= 10.85 - 4.73 = 6.12$(kg)
(음료수 한 개의 무게)
$= 6.12 \div 15 = 0.408$(kg)

15　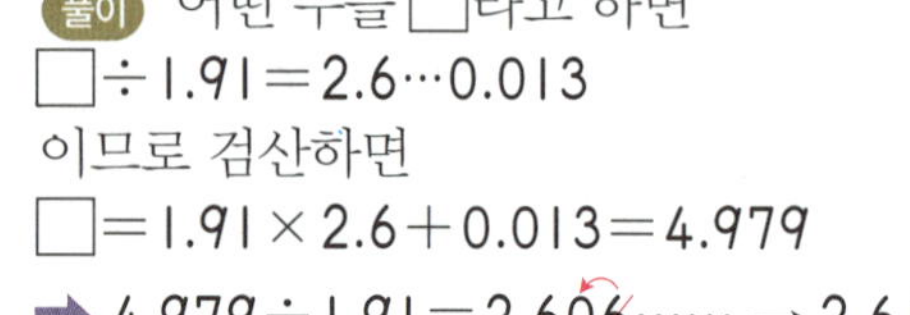

16　㉢

풀이　㉡ 가의 모서리는 12개, 나의 모서리
　　는 12개이므로 같습니다.
㉢ 가의 면은 6개, 나의 면은 7개이므로
　　나의 면의 수가 가의 면의 수보다 1개
　　많습니다.

17　6개

풀이　밑면의 모양이 오각형이므로 오각뿔
의 꼭짓점은 6개입니다.

18　9cm

풀이　육각기둥의 모서리는 18개이고, 모
든 모서리의 길이는 같으므로
(한 모서리의 길이)$= 162 \div 18 = 9$(cm)

19　삼각기둥

20　3cm

풀이　(사각뿔의 전개도의 둘레)
$= (\square \times 4) + (6 \times 2) + (9 \times 2)$
$= 42$
$\square \times 4 = 12,\ \square = 3$(cm)